基础力学课程规范化练习丛书

理论力学规范化练习

(第3版)

冯立富　主编

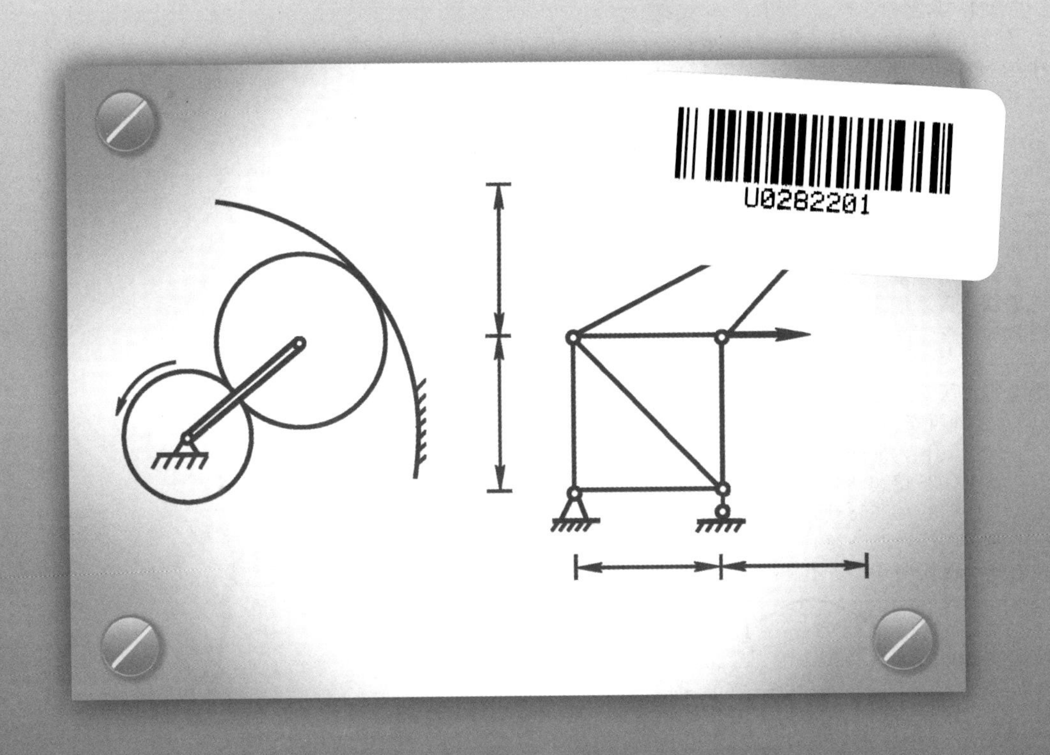

内容简介

本书是根据工科院校理论力学课程教学的实际需要编写的，旨在规范课程练习，帮助学生深刻理解课程内容，熟练掌握理论力学解题的基本方法，方便学生完成作业和教师批改作业。

本书的主要内容包括：理论力学的基本概念，受力图，平面力系和空间力系的简化与平衡，摩擦；点的运动学，刚体的基本运动，点的合成运动，刚体的平面运动，刚体转动的合成；质点动力学，动力学普遍定理，动静法，虚位移原理，动力学普遍原理和拉格朗日方程。

本书可供高等院校工科本科各类专业的学生学习理论力学课程时使用，也可供力学教师参考。

图书在版编目(CIP)数据

理论力学规范化练习/冯立富主编. —3版.—西安：西安交通大学出版社，2015.7(2023.9重印)
ISBN 978-7-5605-7608-4

Ⅰ.①理… Ⅱ.①冯… Ⅲ.①理论力学-高等学校-习题集
Ⅳ.①O31-44

中国版本图书馆CIP数据核字(2015)第159372号

书　　名 理论力学规范化练习(第3版)
主　　编 冯立富
责任编辑 田　华
责任校对 李　文

出版发行 西安交通大学出版社
(西安市兴庆南路1号　邮政编码710048)
网　　址 http://www.xjtupress.com
电　　话 (029)82668357　82667874(市场营销中心)
(029)82668315(总编办)
传　　真 (029)82668280
印　　刷 西安明瑞印务有限公司

开　　本 787mm×1 092mm　1/16　**印张** 7.75　**字数** 183千字
版次印次 2015年8月第3版　2023年9月第7次印刷
书　　号 ISBN 978-7-5605-7608-4
定　　价 15.80元

读者购书、书店添货、如发现印装质量问题，请与本社市场营销中心联系。
订购热线：(029)82665248　(029)82667874
投稿热线：(029)82669097　QQ：8377981
读者信箱：lg_book@163.com

第 3 版前言

理论力学是高等工科学校各类工程专业的一门理论性和实践性都很强的技术基础课。

本书 2002 年的第 1 版和 2009 年的第 2 版出版以来，对帮助学生全面深刻地理解理论力学的基本概念和基本理论，熟练掌握应用这些基本概念和基本理论分析求解力学问题的基本思路和方法，节省学生完成作业时抄题和画图的时间；对方便教师给学生选留作业题和批改作业，规范学生完成综合练习题的程式、最低数量和题型，保证理论力学的教学质量，发挥了较好的作用，受到了广大教师和学生的欢迎。

为了适应进一步深化教学改革的需要，我们在本书第 2 版的基础上进行了修订，现作为第 3 版出版。

参加这次修订工作的有（按姓氏笔画为序）：马娟（西安电子科技大学）、马凯（西安理工大学）、刘百来（西安工业大学）、李占超（西北农林科技大学）、李颖（空军工程大学）、张烈霞（陕西理工学院）、岳成章（西安思源学院）、贾坤荣（西安工程大学）和唐红春（西安工业大学），由冯立富任主编并统稿。

参加本书第 1 版编写工作的有（按姓氏笔画排序）：王芳林（西安电子科技大学）、王爱勤（长安大学）、朱西平（西北工业大学）、刘俊卿（西安建筑科技大学）、陈飞（二炮工程学院）、赵雁（武警工程学院）、胡桂梅（西安工业学院）、郭书祥（空军工程大学）、韩省亮（西安交通大学）、黎明安（西安理工大学）。由冯立富（空军工程大学）任主编并统稿。

参加本书第 2 版修订工作的有（按姓氏笔画为序）：王芳林（西安电子科技大学）、冯立富（空军工程大学）、刘百来（西安工业大学）、陈兮（空军工程大学）、岳成章（西安思源学院）、郭志勇（西安科技大学）、贾坤荣（西安工程大学）和黎明安（西安理工大学），由冯立富任主编并统稿。

由于我们水平有限，书中难免还会有疏误和不妥之处，恳请广大读者批评指正。

编　者

2015 年 5 月

目　录

1　静力学公理·受力图

1.1　【是非题】作用在同一刚体上的两个力，使刚体处于平衡的必要和充分条件是：这两个力大小相等、方向相反、沿同一条直线。（　　）

1.2　【是非题】静力学公理中，二力平衡公理和加减平衡力系公理适用于刚体。（　　）

1.3　【是非题】静力学公理中，作用力与反作用力公理和力的平行四边形公理适用于任何物体。（　　）

1.4　【是非题】二力构件是指两端用铰链连接并且只受两个力作用的构件。（　　）

1.5　【选择题】刚体受三力作用而处于平衡状态，则此三力的作用线（　　）。

A. 必汇交于一点　　B. 必互相平行

C. 必不在同一平面内　　D. 必位于同一平面内

1.6　【选择题】如果力 $\boldsymbol{F}_R$ 是 $\boldsymbol{F}_1$、$\boldsymbol{F}_2$ 两力的合力，用矢量方程表示为 $\boldsymbol{F}_R=\boldsymbol{F}_1+\boldsymbol{F}_2$，则三力大小之间的关系为（　　）。

A. 必有 $F_R=F_1+F_2$　　B. 不可能有 $F_R=F_1+F_2$

C. 必有 $F_R>F_1$，$F_R>F_2$　　D. 可能有 $F_R<F_1$，$F_R<F_2$

1.7　【填空题】作用在刚体上的力，可沿其作用线任意移动作用点，而不改变力对刚体的作用效果。所以，在刚体静力学中，力是＿＿＿＿矢量。

1.8　【填空题】力对物体的作用效应一般分为＿＿＿＿＿＿效应和＿＿＿＿＿＿效应。

1.9　【填空题】对非自由体的运动所预加的限制条件称为＿＿＿＿；约束力的方向总是与约束所能阻止的物体的运动趋势的方向＿＿＿＿＿＿＿＿；约束力由＿＿＿＿力引起，且随其改变而改变。

1.10　画出下列各物体的受力图。凡未特别注明者，物体的自重均不计，且所有的接触面都是光滑的。

(1)

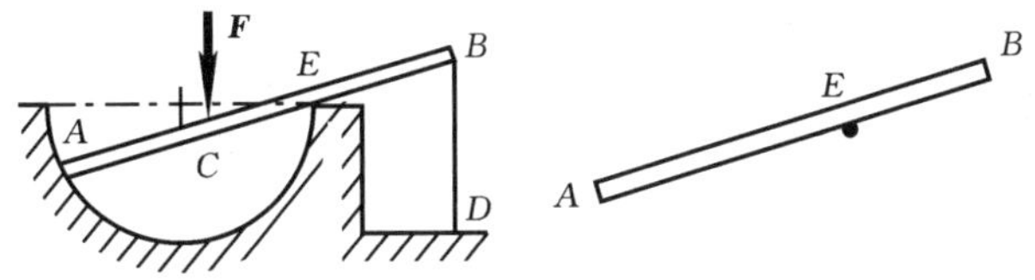

题 1.10 图

(2)

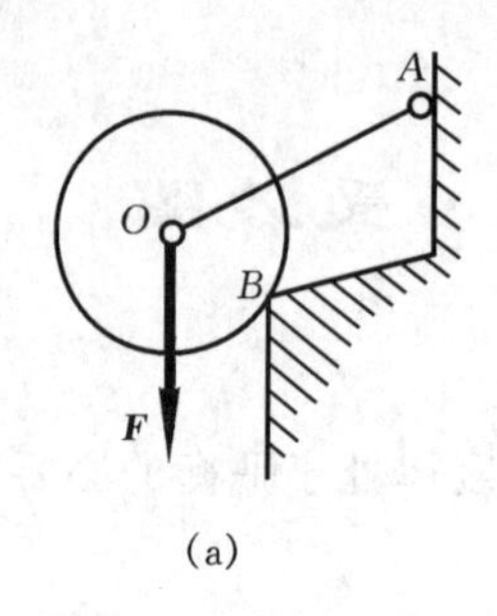

(a)

O
B

(b)

(3)

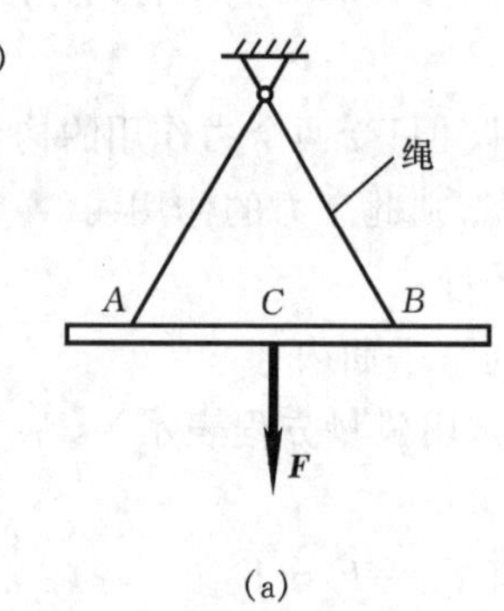

(a)

C
A　B

(b)

(4)

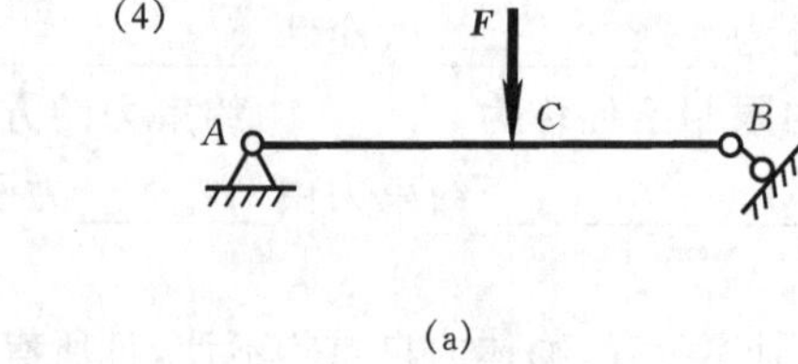

(a)

C
A　B

(b)

(5)

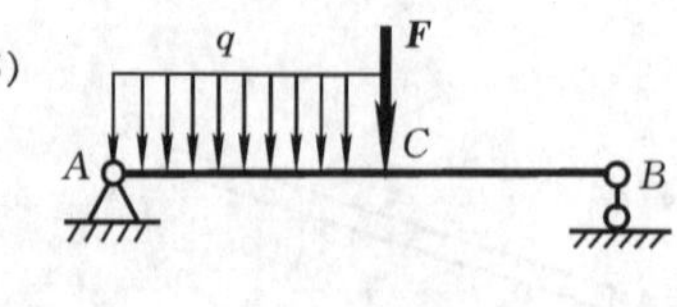

(a)

C
A　B

(b)

题 1.10 图(续)

1.11 画出下列各图中指定物体的受力图。凡未特别注明者,物体的自重均不计,且所有的接触面都是光滑的。

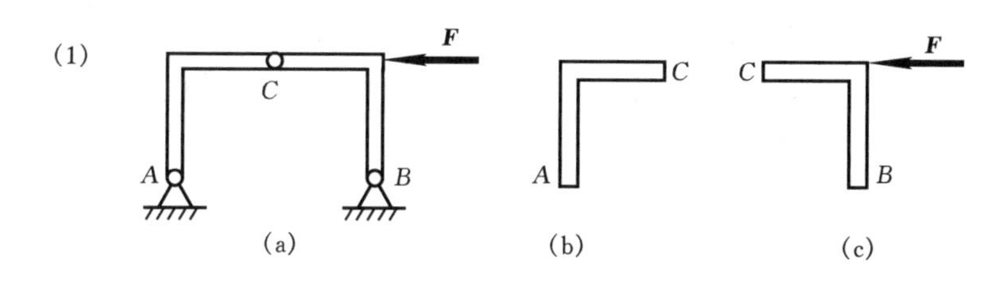

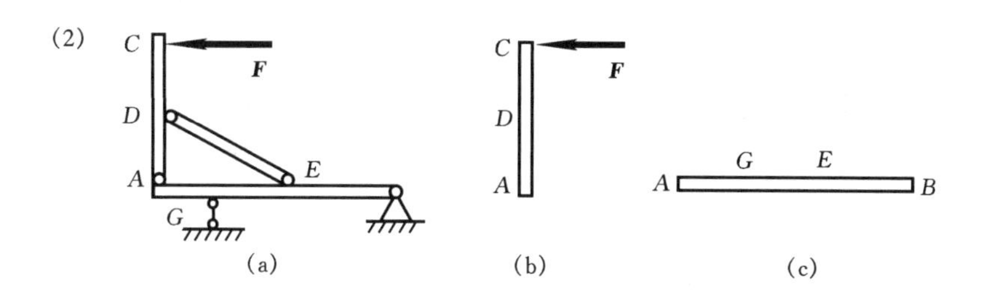

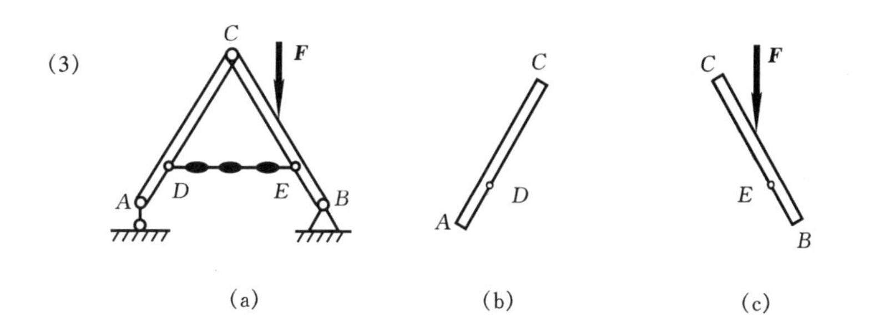

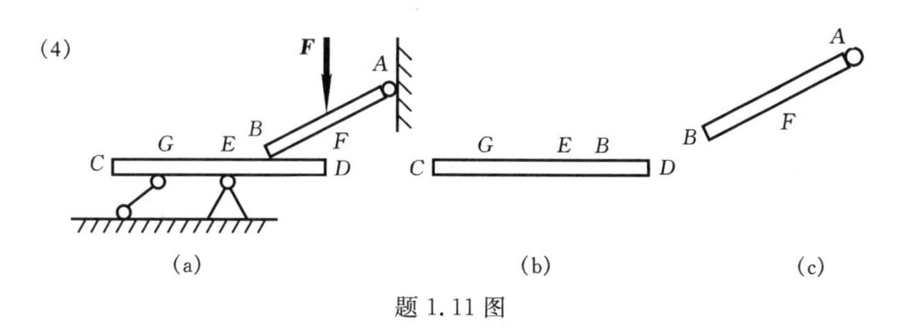

题 1.11 图

(5)

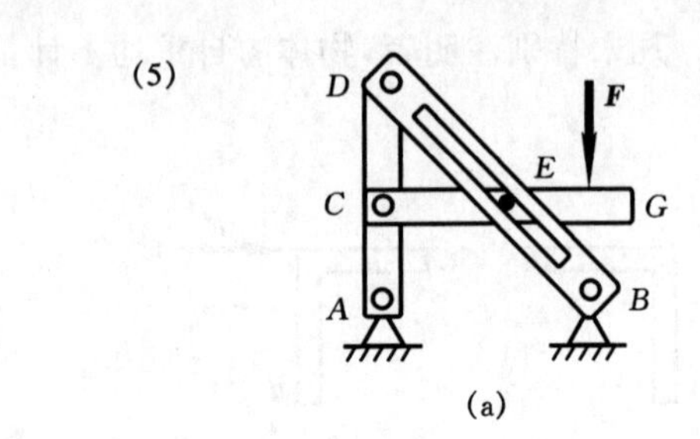

(a)

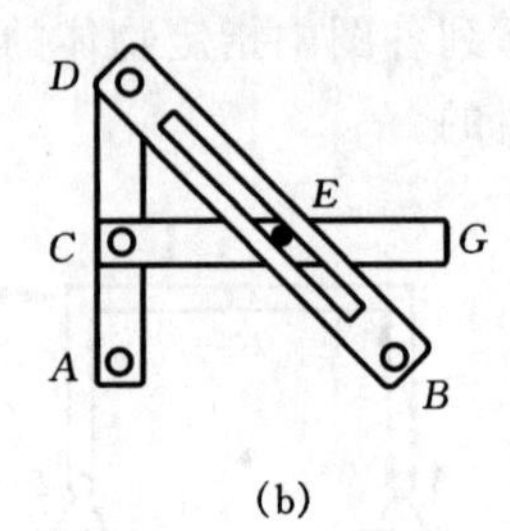

(b)

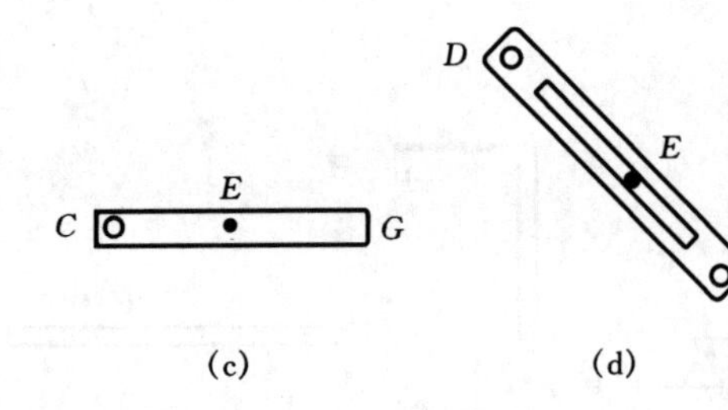

(c) (d)

D
C
A

(e)

题 1.11 图(续)

2　平面力系

2.1　【是非题】图示平面平衡系统中，若不计定滑轮和细绳的重量，且忽略摩擦，则可以说作用在轮上的矩为 m 的力偶与重物的重力 $\boldsymbol{F}$ 相平衡。（　　）

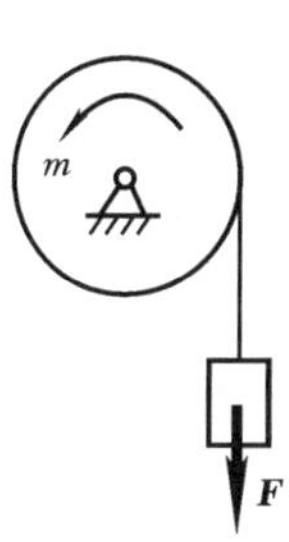

题 2.1 图

2.2　【是非题】已知一刚体在 5 个力作用下处于平衡，若其中 4 个力的作用线汇交于 O 点，则第 5 个力的作用线必过 O 点。（　　）

2.3　【是非题】当平面任意力系对某点的主矩为零时，该力系向任一点简化的结果必为一个合力。（　　）

2.4　【是非题】平面任意力系如果平衡，则该力系在任意选取的投影轴上投影的代数和必为零。（　　）

2.5　【是非题】平面任意力系向任一点简化，得到的主矢就是该力系的合力。（　　）

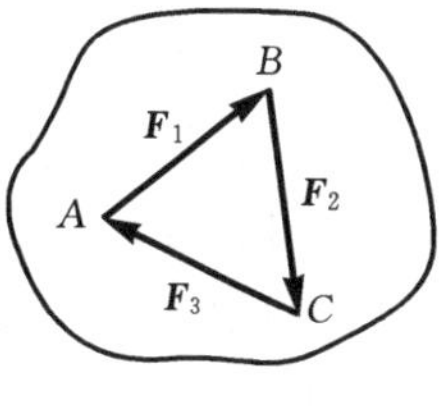

2.6　【是非题】如图所示，刚体在 A、B、C 三点受 $\boldsymbol{F}_1$、$\boldsymbol{F}_2$、$\boldsymbol{F}_3$ 三个力的作用，则该刚体必处于平衡状态。（　　）

题 2.6 图

2.7　【选择题】作用在刚体上的力是（　　），力偶矩矢是（　　），力系的主矢是（　　）。

A. 滑动矢量　　B. 固定矢量　　C. 自由矢量

2.8　【选择题】已知 $\boldsymbol{F}_1$、$\boldsymbol{F}_2$、$\boldsymbol{F}_3$、$\boldsymbol{F}_4$ 为作用于刚体上的平面汇交力系，其力矢关系如图所示，由此可知（　　）。

A. 该力系的主矢 $\boldsymbol{F}_{R'}=0$

B. 该力系的合力 $\boldsymbol{F}_R=\boldsymbol{F}_4$

C. 该力系的合力 $\boldsymbol{F}_R=2\boldsymbol{F}_4$

D. 该力系平衡

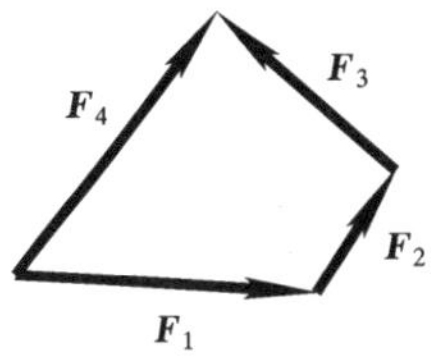

题 2.8 图

2.9　【选择题】某平面内由一非平衡共点力系和一非平衡力偶系构成的力系最后可能（　　）。

A. 合成为一合力偶　　B. 合成为一合力

C. 相平衡　　D. 合成为一力螺旋

2.10　【填空题】平面内两个力偶等效的条件是这两个力偶的＿＿＿＿＿＿＿＿＿＿；平面力偶系平衡的充要条件是＿＿＿＿＿＿＿＿＿＿。

2.11　【填空题】平面任意力系平衡方程的二矩式是＿＿＿＿＿＿＿＿＿＿，应满足的附加条件是＿＿＿＿＿＿＿＿＿＿。平面任意力系平衡方程的三矩式是＿＿＿＿＿＿＿＿＿＿，应满足的附加条件是＿＿＿＿＿＿＿＿＿＿。

2.12　【填空题】平面汇交力系平衡的几何条件是＿＿＿＿＿＿＿＿＿＿；平衡的解析条件是＿＿＿＿＿＿＿＿＿＿。

2.13　如图所示，圆的半径为 r，角 α、β、γ 均为已知，力 $\boldsymbol{F}$ 与圆共面，试求力 $\boldsymbol{F}$ 对点 A 的矩。

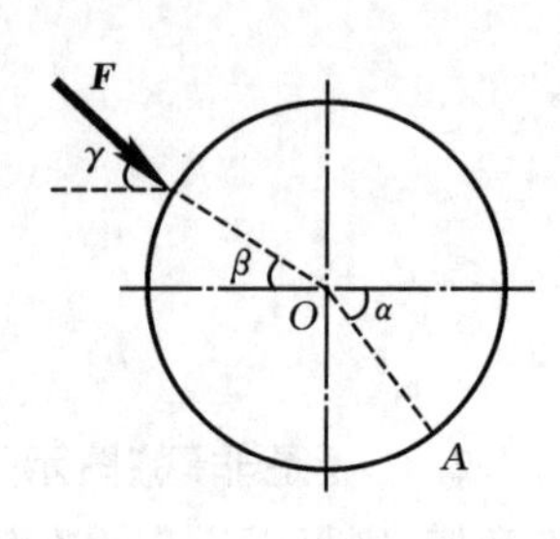

题 2.13 图

2.14　压榨机构由 AB、BC 两杆和压块用铰链连接组成，A、C 两铰链位于同一水平线上。当在 B 处作用有铅垂力 $F=0.3$ kN，且 $\alpha=8°$时，求被压榨物 D 所受的压榨力。不计压块与支撑面间的摩擦及杆的自重。

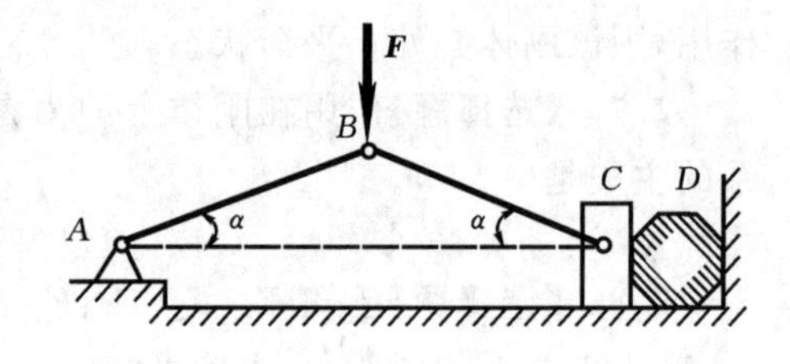

题 2.14 图

2.15 水平圆轮的直径 AD 上作用有垂直于 AD 且大小均为 100 N 的 4 个力 $\boldsymbol{F}_1$、$\boldsymbol{F}_2$、$\boldsymbol{F}_2'$、$\boldsymbol{F}_1'$，这 4 个力与 $\boldsymbol{F}_3$、$\boldsymbol{F}_3'$ 平衡，$\boldsymbol{F}_3$ 与 $\boldsymbol{F}'_3$ 分别作用于 E、F 点，且 $\boldsymbol{F}_3=-\boldsymbol{F}'_3$。试求力 $\boldsymbol{F}_3$ 的大小。

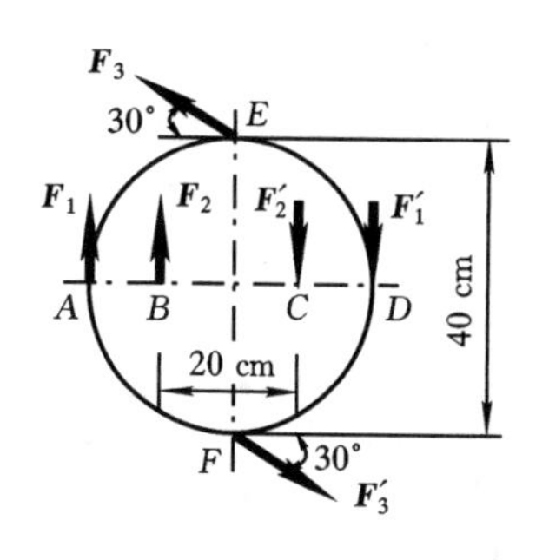

题 2.15 图

2.16 【引导题】平面任意力系各力作用线位置如图所示，已知 $F_1=130$ N，$F_2=100\sqrt{2}$ N，$F_3=50$ N，$M=500$ N·m。图中尺寸单位为 m。试求该力系的合成结果。

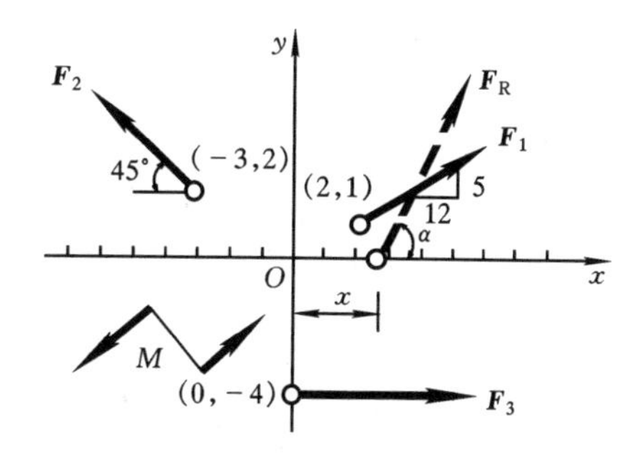

题 2.16 图

解 力系的主矢在 x、y 轴上投影

$F'_{Rx}=\sum F_x=$ ____________

$F'_{Ry}=\sum F_y=$ ____________

力系对坐标原点 O 的主矩

$M_O=\sum M_O(\boldsymbol{F})=$ ____________

合力的大小为 $F_R=$ ____________

由 $xF'_{Ry}-yF'_{Rx}=M_O$，可得合力的作用线方程为____________。

2.17　平面力系由3个力与2个力偶组成，已知 $F_1=1.5\ \text{kN}$，$F_2=2\ \text{kN}$，$F_3=3\ \text{kN}$，$M_1=100\ \text{N}\cdot\text{m}$，$M_2=80\ \text{N}\cdot\text{m}$，图中尺寸的单位为mm。求此力系简化的最后结果。

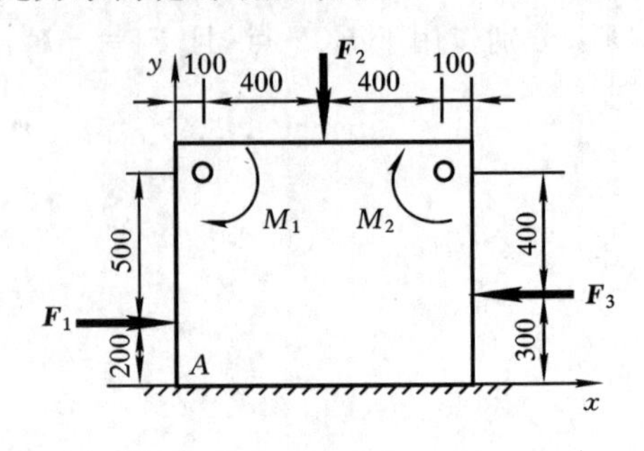

题 2.17 图

*__2.18__　如图所示，平面任意力系向 O 点简化的主矩 $M_O=0$，如向 A 点简化的主矩 $M_A=2000\ \text{N}\cdot\text{cm}$，又知该力系简化后的主矢在 x 轴上的投影为 $F'_{Rx}=500\ \text{N}$。试求该力系的合成结果。

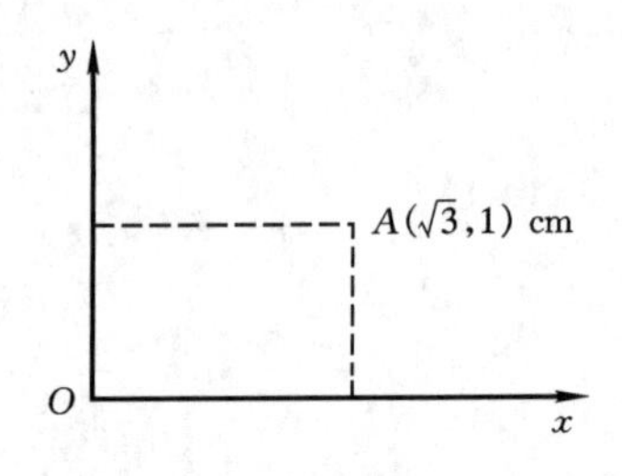

题 *2.18 图

2.19 求下列图中各梁的支座约束力。已知图(a)中，$M=150\ \text{kN}\cdot\text{m}$，$F=40\ \text{kN}$；图(b)中，$F=20\ \text{kN}$，$q=10\ \text{kN/m}$。

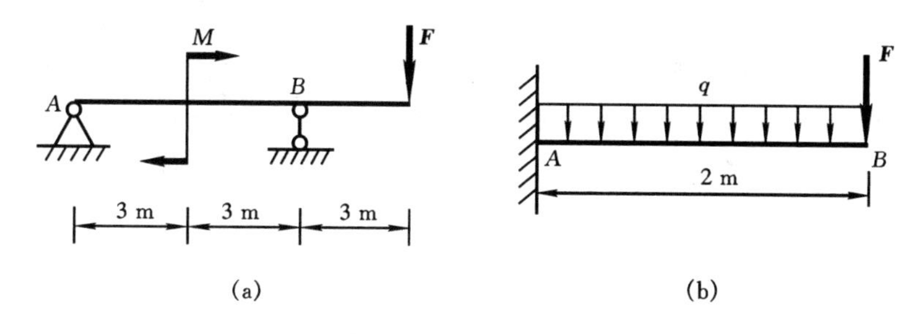

题 2.19 图

2.20 图示结构由 AC、BC 及 DE 三根无重杆铰接而成，其中$\overline{AB}=\overline{BC}=\overline{AC}=l$，$D$、$E$ 分别是 AC 和 BC 的中点。C 点作用有水平力 $\boldsymbol{F}$，DE 杆上作用一矩为 M 的力偶。试求支座 A、B 的约束力。

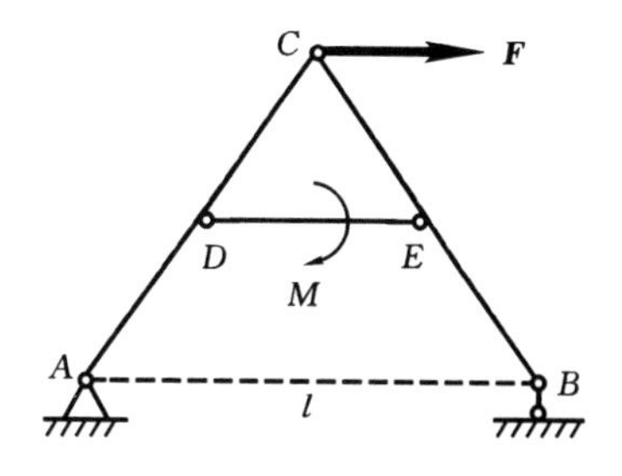

题 2.20 图

2.21　行动式起重机(不计平衡锤)的重量 $F_1=500$ kN,其重力作用线距右轨 1.5 m。起重机的起重重量 $F_2=250$ kN,起重臂伸出离右轨 10 m。要使跑车满载和空载时在任何位置起重机都不会翻倒,求平衡锤的最小重量 F_3 以及平衡锤到左轨的最大距离 x,跑车重量略去不计。

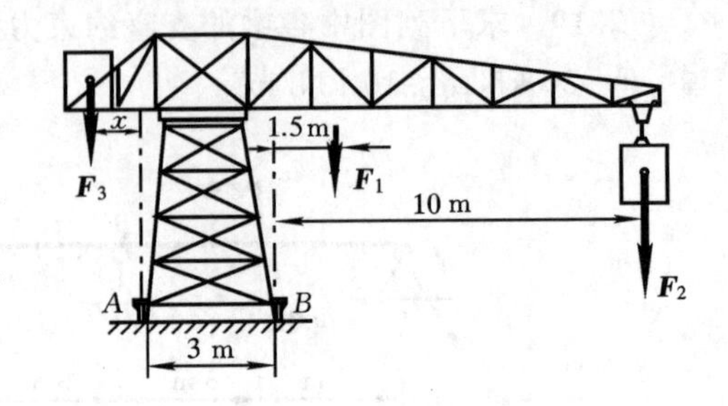

题 2.21 图

3　物系平衡问题

3.1　【是非题】作用在刚体上平面任意力系的主矢是自由矢量，而该力系的合力(若有合力)是滑动矢量。这两个矢量大小相等、方向相同。　　(　　)

3.2　【是非题】若某一平面任意力系的主矢 $\boldsymbol{F}_{R'}=\sum\boldsymbol{F}_i=0$，则该力系一定有一合力偶。　　(　　)

3.3　【是非题】若一平面力系对某点之主矩为零，且主矢亦为零，则该力系为一平衡力系。　　(　　)

3.4　【是非题】平面任意力系平衡的必要与充分条件是：力系的合力等于零。　　(　　)

3.5　【是非题】桁架中内力为零的杆称为零力杆。零力杆仅在特定载荷下才不受力，如果载荷改变，该杆则可能受力。　　(　　)

3.6　【选择题】某一平面平行力系各力的大小、方向和作用线的位置如图所示。此力系的简化结果与简化中心的位置(　　)。

A. 无关　　　B. 有关

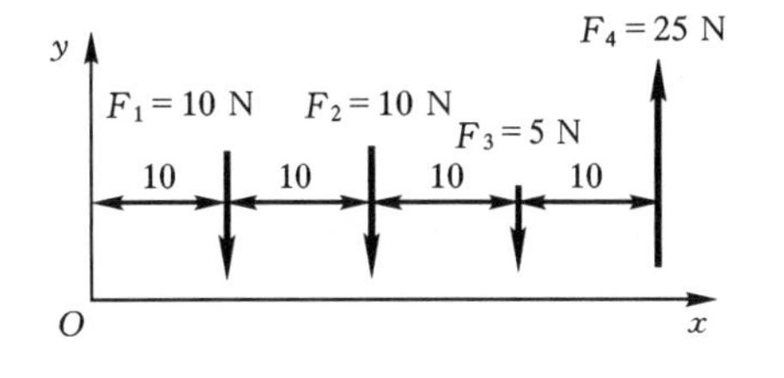

题 3.6 图

3.7　【选择题】关于平面力系与其平衡方程式，下列的表述中正确的是(　　)。

A. 任何平面力系都具有三个独立的平衡方程式

B. 任何平面力系只能列出三个平衡方程式

C. 在平面力系的平衡方程的基本形式中，两个投影轴必须相互垂直

D. 平面力系如果平衡，则该力系在任意选取的投影轴上投影的代数和必为零

3.8　【填空题】填写下表。

力系名称		平衡方程的基本形式	独立方程数目
空间力系	任意力系		
	平行力系		
	汇交力系		
	力偶系		
平面力系	任意力系		
	平行力系		
	汇交力系		
	共线力系		
	力偶系		

3.9　【填空题】判断图示各平衡结构是静定的，还是超静定的，并确定超静定次数。

图(a)________________________________；

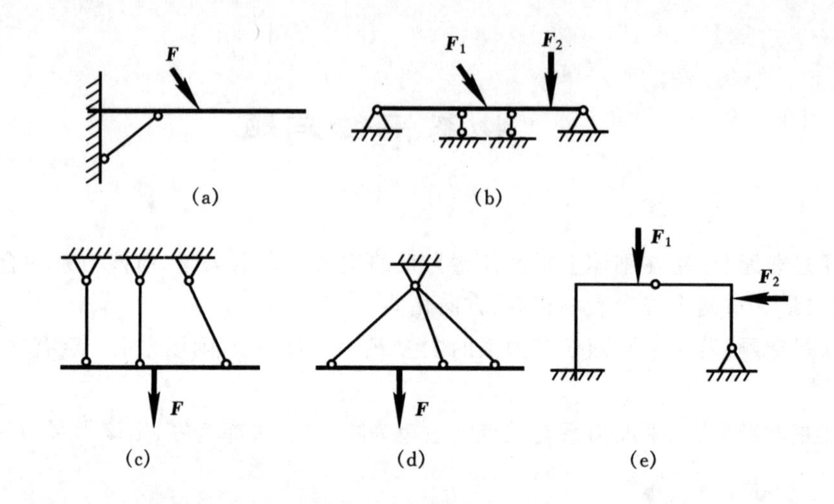

题 3.9 图

图(b) ＿＿＿＿＿＿＿＿＿＿＿＿＿＿＿＿＿＿＿＿＿＿＿；

图(c) ＿＿＿＿＿＿＿＿＿＿＿＿＿＿＿＿＿＿＿＿＿＿＿；

图(d) ＿＿＿＿＿＿＿＿＿＿＿＿＿＿＿＿＿＿＿＿＿＿＿；

图(e) ＿＿＿＿＿＿＿＿＿＿＿＿＿＿＿＿＿＿＿＿＿＿＿。

3.10 【填空题】不经计算，试判定图示各桁架中的零力杆。

图(a)中的(　　　　　　　　)号杆是零力杆；

图(b)中的(　　　　　　　　)号杆是零力杆；

图(c)中的(　　　　　　　　)号杆是零力杆。

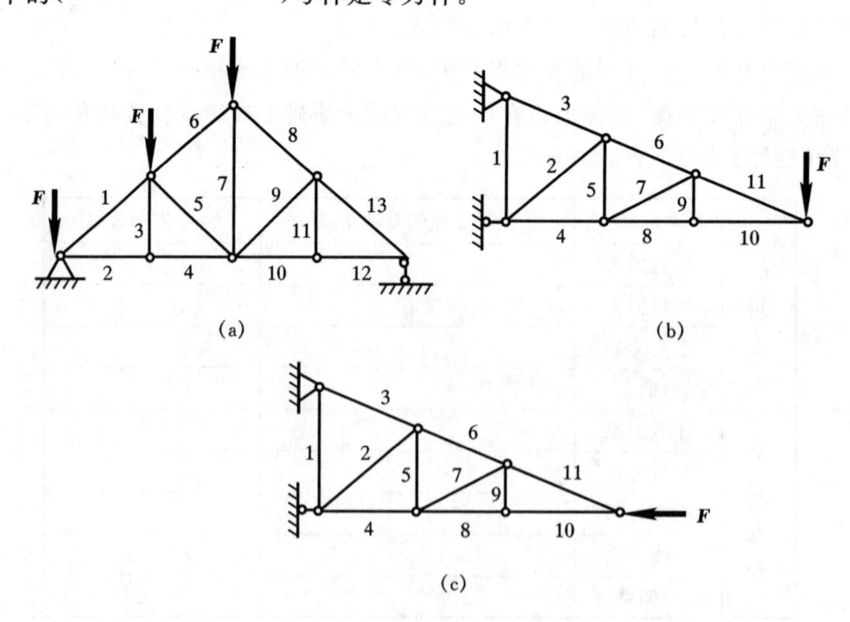

题 3.10 图

3.11 【引导题】水平组合梁的支撑情况和载荷如图(a)所示。已知 $F=500\ \text{N}$，$q=250\ \text{N/m}$，$M=500\ \text{N}\cdot\text{m}$。求梁平衡时支座 A、B、E 处的约束力。图中尺寸单位为 m。

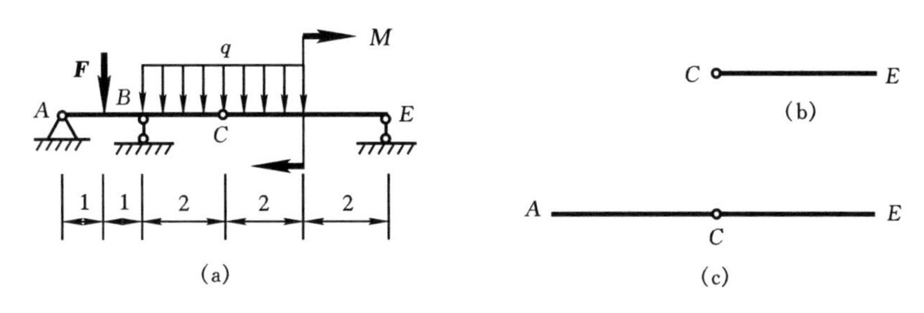

题 3.11 图

解 先取 CE 段为研究对象，受力如图(b)(将 CE 段的受力画在图(b)上)。根据平面力系的平衡方程，有

$\sum M_C=0$，＿＿＿＿＿＿＿＿＿＿＿＿＿＿ ①

再取水平组合梁整体为研究对象，受力如图(c)(将整体的受力图画在(c)上)。根据平面力系的平衡方程，有

$\sum M_A=0$，＿＿＿＿＿＿＿＿＿＿＿＿＿＿ ②

$\sum F_y=0$，＿＿＿＿＿＿＿＿＿＿＿＿＿＿ ③

即可求得 A、B、E 三支座的约束力分别为

$F_{NA}=$＿＿＿＿， $F_{NB}=$＿＿＿＿， $F_{NE}=$＿＿＿＿。

3.12 平面构架由 AB、BC、CD 三杆用铰链 B 和 C 连接，其他支撑及载荷如图所示。力 $\boldsymbol{F}$ 作用在 CD 杆的中点 E 处。已知 $F=8\ \text{kN}$，$q=4\ \text{kN/m}$，$a=1\ \text{m}$，各杆自重不计。求固定端 A 处的约束力。

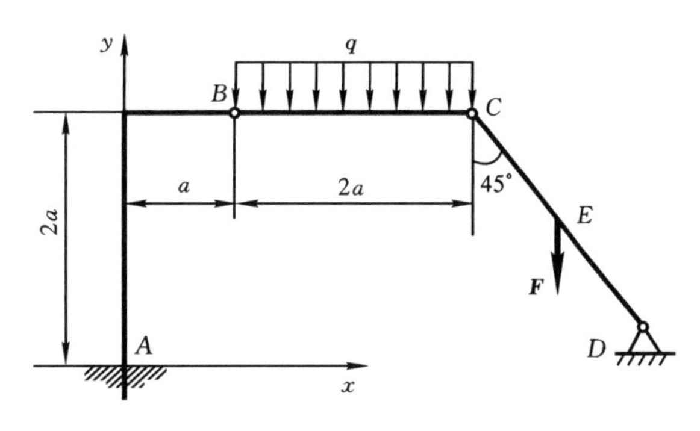

题 3.12 图

3.13 如图所示，无底的圆柱形空筒放在光滑的固定面上，内放两个均质重球，设每个球重皆为 $\boldsymbol{F}$，半径为 r，圆筒的半径为 R。若不计各接触面的摩擦和筒壁厚度，求圆筒不致翻倒的最小重量。

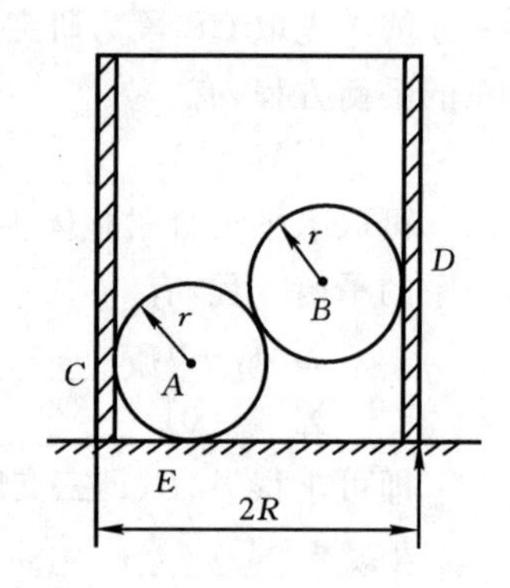

题 3.13 图

3.14　在图示支架中，水平直杆 AD 和直角折杆 BC 在 C 处铰接，$\overline{AB}=\overline{AC}=\overline{CD}=l=1$ m，滑轮半径 $r=0.3$ m。不计各杆和滑轮的重量。若重物 E 重为 $F=100$ kN，求支架平衡时支座 A、B 的约束力。

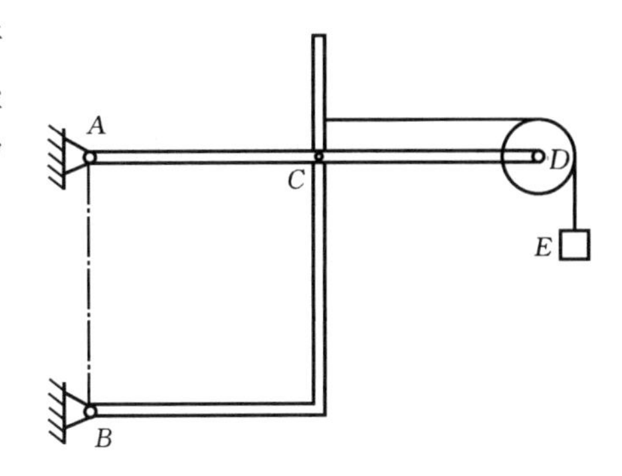

题 3.14 图

3.15　平面构架如图所示。C、D 处均为铰链连接，BH 杆上的销钉 B 置于 AC 杆的光滑槽内，力 $F=200\ \text{N}$，力偶矩 $M=100\ \text{N}\cdot\text{m}$，$\overline{AB}=\overline{BC}=0.8\ \text{m}$。不计各构件重量，求 A、B、C 处所受的约束力。

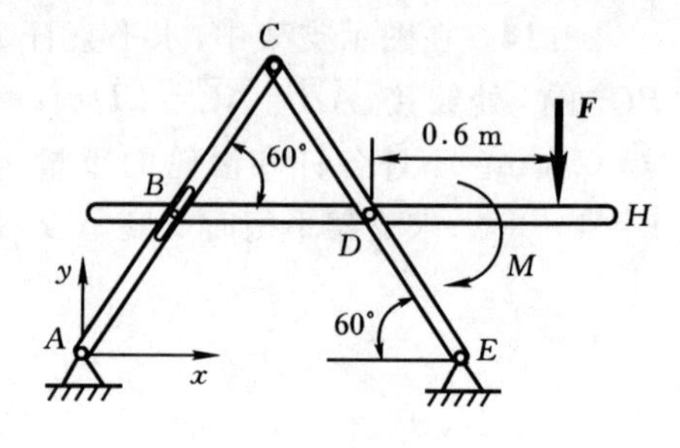

题 3.15 图

3.16　平面桁架所受的载荷如图所示。求杆 1、杆 2、杆 3 的内力。

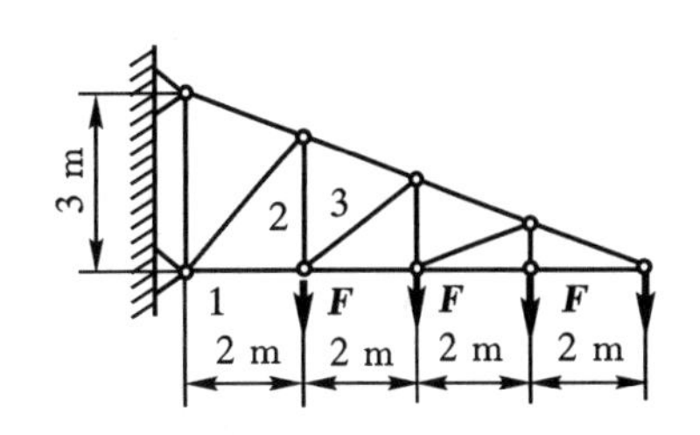

题 3.16 图

3.17　桁架受力如图所示，已知 $F_1=10$ kN，$F_2=F_3=20$ kN。试求4、5、7、10各杆的内力。

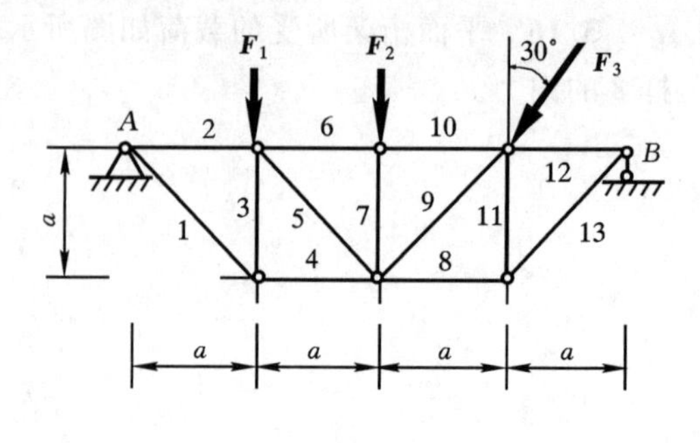

题3.17图

4 空间基本力系

4.1 【是非题】空间汇交力系有 3 个独立的平衡方程式。 ( )

4.2 【是非题】空间力偶对任一轴之矩等于其力偶矩矢在该轴上的投影。 ( )

4.3 【是非题】空间力偶系有 6 个独立的平衡方程式。 ( )

4.4 【是非题】空间汇交力系的主矢为零，则该力系一定平衡。 ( )

4.5 【是非题】空间力偶的等效条件是力偶矩大小相同和作用面方位相同。 ( )

4.6 【是非题】力偶不能用一个力来平衡。 ( )

4.7 【选择题】力偶矩矢是( )。

A. 标量 B. 定点矢量

C. 滑移矢量 D. 自由矢量

4.8 【填空题】空间力偶系平衡的几何条件是____。

4.9 【填空题】某刚体仅在两个力偶的作用下保持平衡，则这两个力偶应满足的条件为________________________________。

4.10 【引导题】立方体的 C 点作用一力 $\boldsymbol{F}$，已知 $F=800$ N。试求：(1) 该力 $\boldsymbol{F}$ 在坐标轴 x、y、z 上的投影；(2) 力 $\boldsymbol{F}$ 沿 CA 和 CD 方向分解所得的两个分力 $\boldsymbol{F}_{CA}$、$\boldsymbol{F}_{CD}$ 的大小。

解 (1) 力在坐标轴上的投影

$F_z=F\cos\alpha=$________________________

$F_{xy}=$________________________

$F_x=$________________________

$F_y=$________________________

(2) 力沿 CD 和 CA 方向的分解，有 $\boldsymbol{F}=\boldsymbol{F}_{CA}+\boldsymbol{F}_{CD}$，所以

$F_{CA}=F\cos\alpha=$________________________

$F_{CD}=F\sin\alpha=$________________________

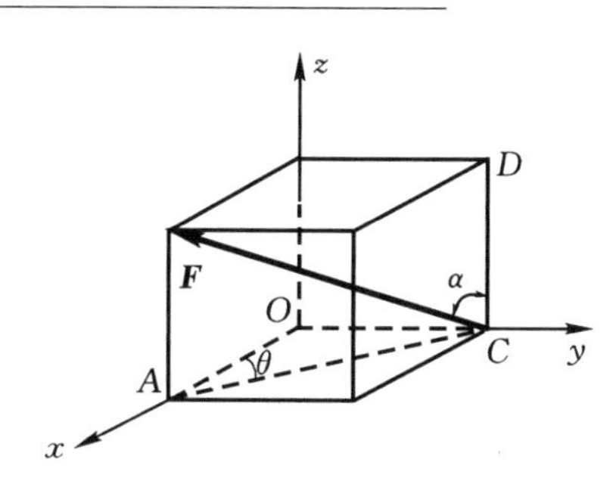

题 4.10 图

4.11 挂物架的 O 点为一球形铰链，不计杆重。OBC 为一水平面，且 $\overline{OB}=\overline{OC}$。若在 O 点挂一重物重 $F=1$ kN，试求三根直杆的内力。

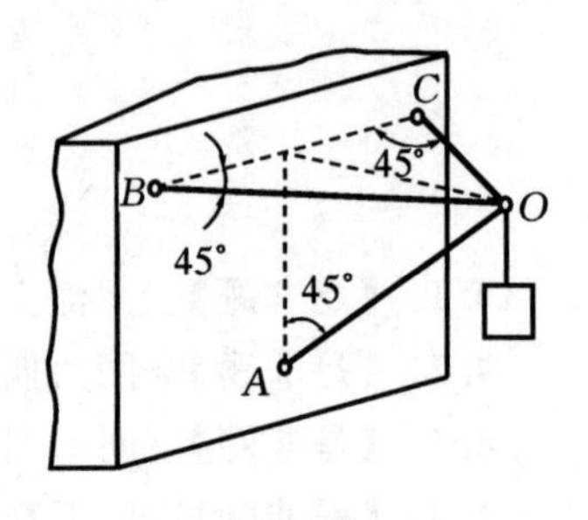

题 4.11 图

4.12 空间结构由六根直杆铰接而成。A 点作用一力 $\boldsymbol{F}$，且该力在由矩形 $ABDC$ 构成的平面内。$\triangle EAK=\triangle FBM$。等腰三角形 EAK、FBM、NDB 在顶点 A、B、D 处均为直角，且 $\overline{EC}=\overline{CK}=\overline{FD}=\overline{DM}$。若 $F=10$ kN，不计各杆自重，试求各杆内力。

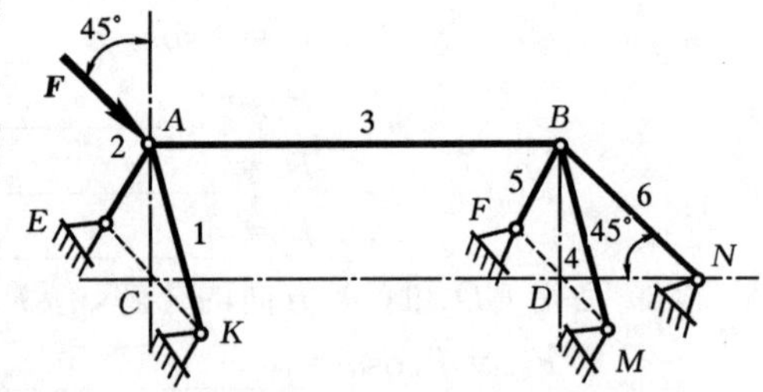

题 4.12 图

5 空间任意力系

5.1 【是非题】在任意力系中,若力多边形自行封闭,则该任意力系的主矢为零。 ( )

5.2 【是非题】一空间平衡力系,若一部分力的作用线通过固定点 A,其余的力作用线都通过固定点 B,则其独立的平衡方程式只有 5 个。 ( )

5.3 【是非题】若空间力系中各力的作用线都垂直某固定平面,则其独立的平衡方程最多有 3 个。 ( )

5.4 【是非题】一空间力系,对不共线的任意三点的主矩均等于零,则该力系平衡。 ( )

5.5 【是非题】物体的重心和形心虽然是两个不同的概念,但它们的位置却总是重合的。 ( )

5.6 【选择题】正立方体的顶角上作用着 6 个大小相等的力,此力系向任一点简化的结果是( )。

A. 主矢等于零,主矩不等于零　　B. 主矢不等于零,主矩也不等于零

C. 主矢不等于零,主矩等于零　　D. 主矢等于零,主矩也等于零

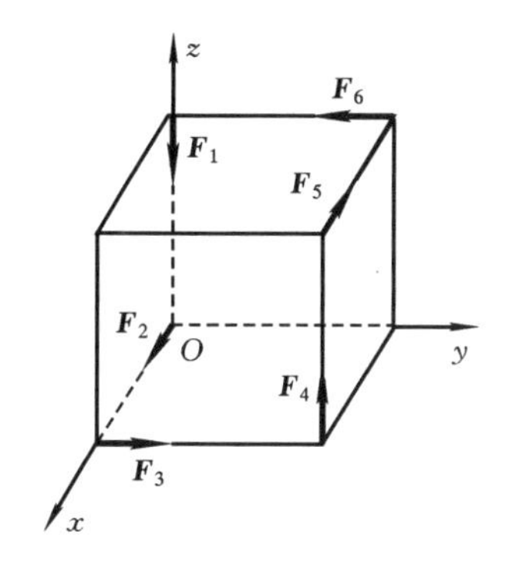

题 5.6 图

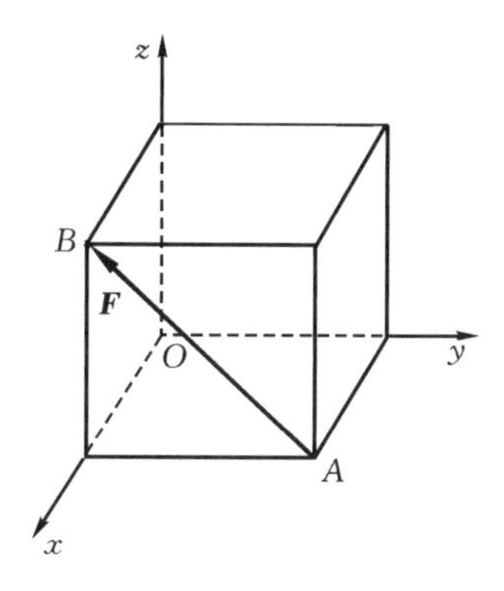

题 5.7 图

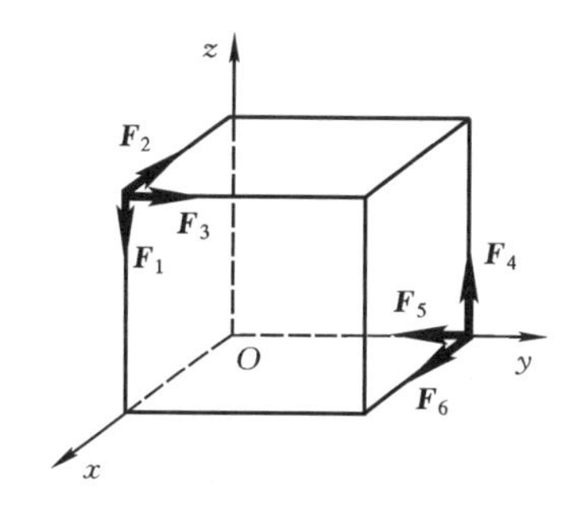

题 5.8 图

5.7 【选择题】正立方体的前侧面沿 AB 方向作用一力 $\boldsymbol{F}$,则该力( )。

A. 对 x、y、z 轴之矩全相等　　B. 对三轴之矩全不相等

C. 对 x、y 轴之矩相等　　D. 对 y、z 轴之矩相等

5.8 【选择题】在一个长方体上沿棱边作用 6 个力,各力的大小都等于 F,此力系的最终简化结果为( )。

A. 合力　　B. 平衡

C. 合力偶　　D. 力螺旋

5.9 【填空题】通过 $A(3,0,0)$、$B(0,1,2)$两点(长度单位为 m),由 A 指向 B 的力 $\boldsymbol{F}$,在 z 轴上的投影为__________,对 z 轴的矩的大小为__________。

5.10　【填空题】已知 A (1,0,1)、B(0,1,2)(长度单位为 m),$F=\sqrt{3}$ kN。则

力 $\boldsymbol{F}$ 对 x 轴的矩为＿＿＿＿＿＿＿＿＿＿；

力 $\boldsymbol{F}$ 对 y 轴的矩为＿＿＿＿＿＿＿＿＿＿；

力 $\boldsymbol{F}$ 对 z 轴的矩为＿＿＿＿＿＿＿＿＿＿。

***5.11　【填空题】**已知力 $\boldsymbol{F}$ 和长方体的边长 a、b、c 及角 φ、θ,则力 $\boldsymbol{F}$ 对 AB 轴的力矩大小为＿＿＿＿＿＿＿＿＿＿。

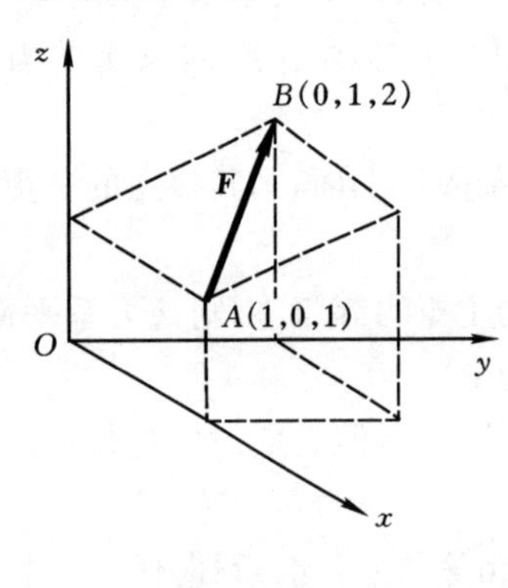

题 5.10 图

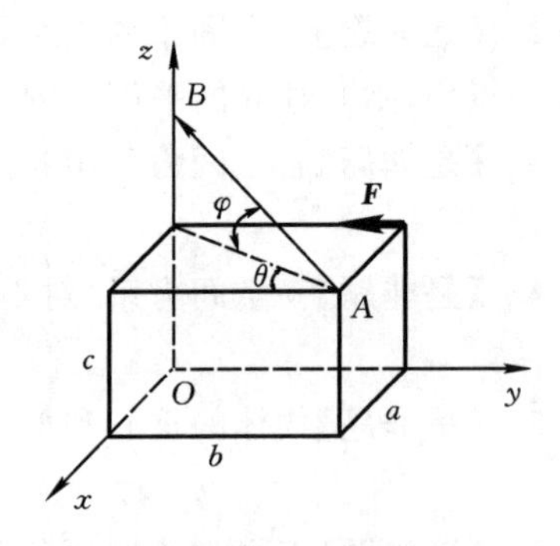

题 5.11 图

5.12　四面体的三条棱 AO、BO、CO 相互垂直,且 $\overline{AO}=\overline{BO}=\overline{CO}=a$,沿六条棱作用大小相等的力 F,方向如图。试将该力系向 O 点简化,并求出最终简化结果。

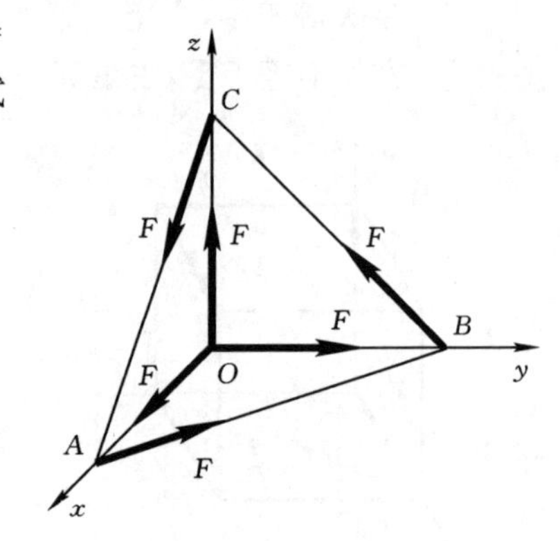

题 5.12 图

5.13 图示均质正方形边长为 L 的薄板，其中心挖去一直径为 $L/2$ 的圆孔。已知单位面积重为 $\gamma=1\ 000\ \mathrm{N/m^2}$，$\overline{A_1D_1}=\overline{AD}=\overline{AA_1}=\overline{D_1D}=1\ \mathrm{m}$。若不计各杆的重量，试求球铰链 A 的约束力及各杆的内力。

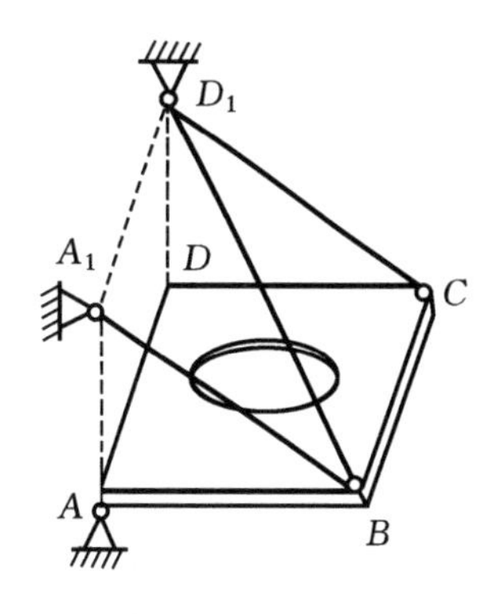

题 5.13 图

5.14 电动铰车等速提升重 $F=10\ \mathrm{kN}$ 的设备 G。电动机传动链条主动边和从动边的张力分别为 $\boldsymbol{F}_{T1}$ 和 $\boldsymbol{F}_{T2}$，且 $F_{T1}=2F_{T2}$，两力与水平方向的 x 轴的夹角均为 30°。链轮和鼓轮的半径分别为 $R=200\ \mathrm{mm}$，$r=100\ \mathrm{mm}$。试求轴承 A 和 B 处的约束力及链条的张力。不计铰车链轮和鼓轮的重量。

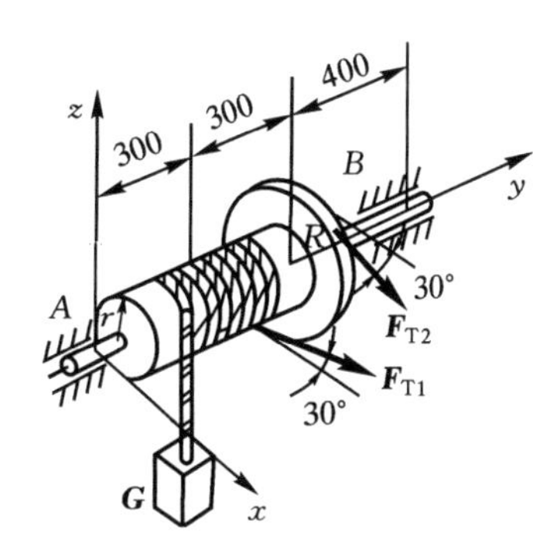

题 5.14 图

5.15　试求下列二平面图形的形心坐标。

(1) 某偏心块的截面，如图(a)所示。已知 $R=100$ mm，$r=17$ mm，$b=13$ mm。

(2) 某冲床床身的横截面如图(b)所示。长度单位为 mm。

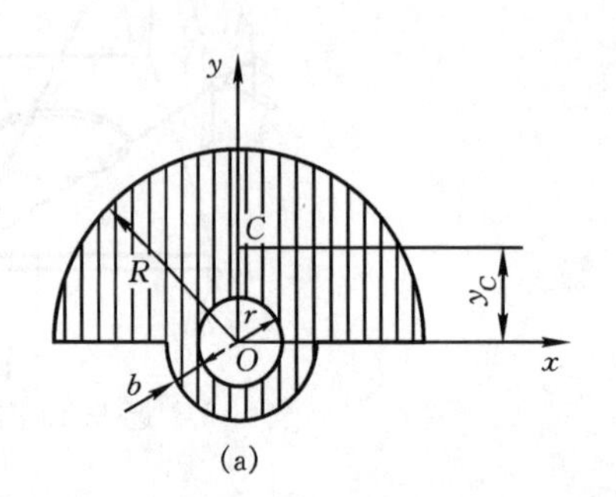

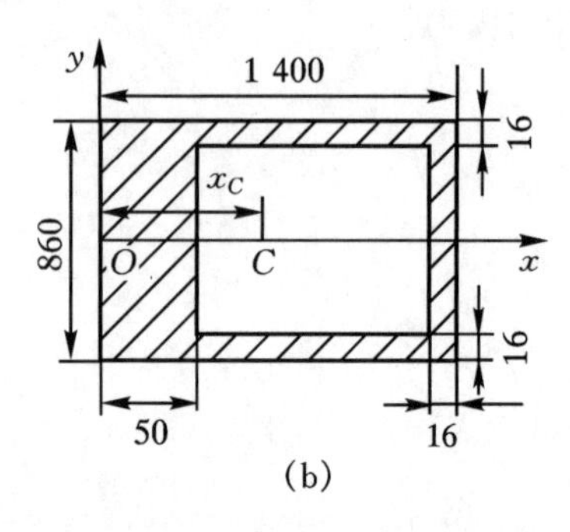

题 5.15 图

***5.16**　试求图中均质细杆的重心坐标。已知 $R=200$ mm，$a=100$ mm，$b=400$ mm。

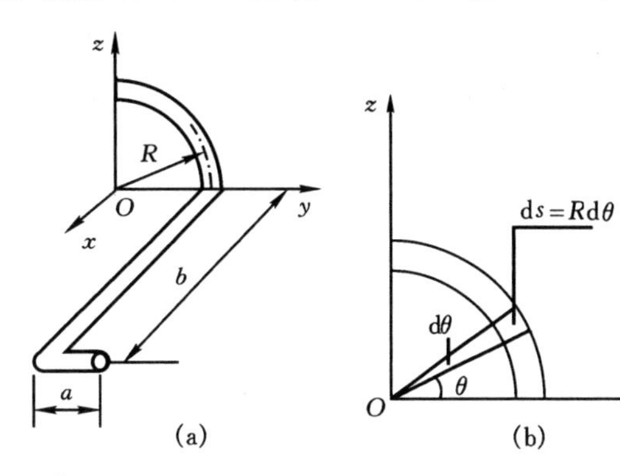

题 *5.16 图

5.17　如图所示，曲杆 $ABCD$ 的 ABC 段在水平面内，BCD 段在铅垂面内，杆的 D 端用球铰链固定，而 A 端用径向轴承支持，杆上分别作用有矩为 M_1、M_2、M_3 的力偶，它们的作用面分别垂直于 AB、BC、CD 段。假定力偶矩 M_2 和 M_3 的大小已知，不计曲杆重量，试求 M_1 的大小和铰链 D 与轴承 A 的约束力。

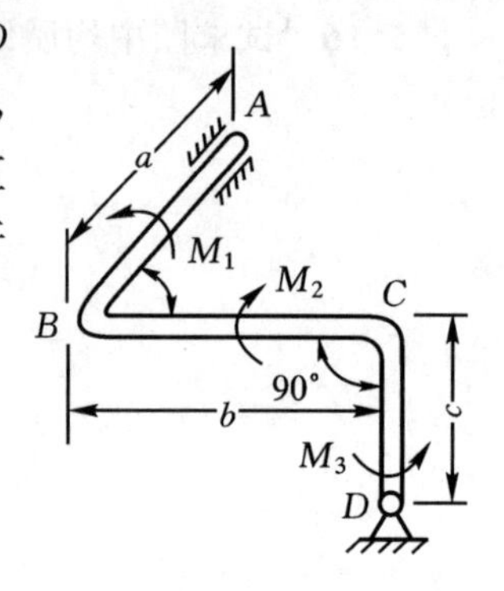

题 5.17 图

6 摩 擦

6.1 【是非题】在有摩擦的情况下，全约束力与法向约束力之间的夹角称为摩擦角。（ ）

6.2 【是非题】摩擦力是一种未知约束力，其大小和方向完全可以由平衡方程来确定。（ ）

6.3 【是非题】摩擦力的方向总是与物体运动的方向相反。（ ）

6.4 【是非题】物体自由地放在倾角为 α 的斜面上，若物体与斜面间的摩擦角为 $\varphi_m > \alpha$，则该物体在斜面上可静止不动。（ ）

6.5 【是非题】自锁现象是指所有主动力的合力指向接触面，且其作用线位于摩擦锥之内，无论主动力的合力多大，物体总能平衡的一种现象。（ ）

6.6 【选择题】如图所示，一物块重为 $\boldsymbol{F}_1$，置于粗糙斜面上，已知斜面与物块间的摩擦角为 $\varphi_m = 25°$。若 $F_2 = F_3 = F_1$，则物块能平衡的情况是（ ）。

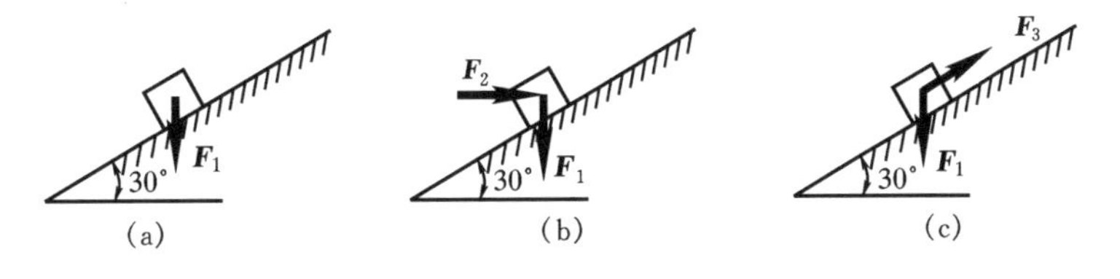

题 6.6 图

6.7 【填空题】试比较用同样材料制作、在相同的粗糙度和相同的皮带压力 $\boldsymbol{F}$ 作用下，平皮带与三角皮带的最大静摩擦力。

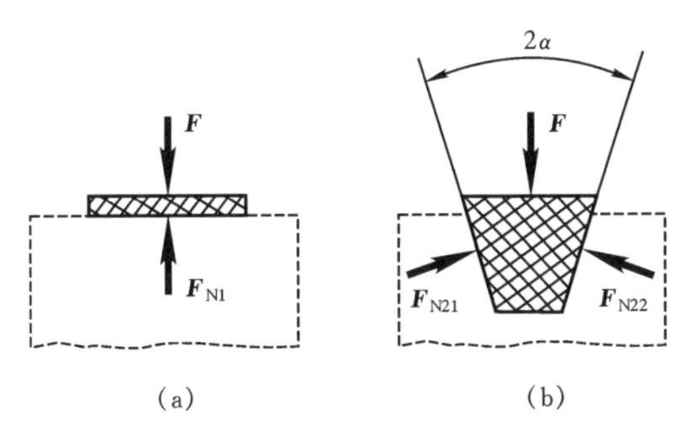

题 6.7 图

由图(a)和图(b)，根据平面力系的平衡方程，可得 $F_{N1} =$ ________，$F_{N21} = F_{N22} =$ ________。设接触面间的摩擦因数为 f_s，则平皮带的最大静滑动摩擦力 $F_{1max} =$ ________，三角皮带的最大静滑动摩擦力 $F_{2max} =$ ________，故 F_{1max} ________ F_{2max}。

6.8 【填空题】静滑动摩擦因数 f_s 与摩擦角 φ_m 的关系为____________。

6.9 **【填空题】**滚动摩阻力偶的转向与物体____________________的转向相反，滚动摩阻力偶矩的最大值 $M_{fmax}=$__________。

6.10 **【引导题】**均质细杆 AB 重为 $F_1=360$ N，A 端搁置在光滑水平面上，并通过柔绳绕过滑轮悬挂一重为 F_2 的物块 C；B 端靠在铅垂的墙面上，已知 B 端与墙面间的摩擦因数 $f_s=0.1$。试求在下述两种情况下 B 端受到的滑动摩擦力。(1) $F_2=200$ N；(2) $F_2=170$ N。

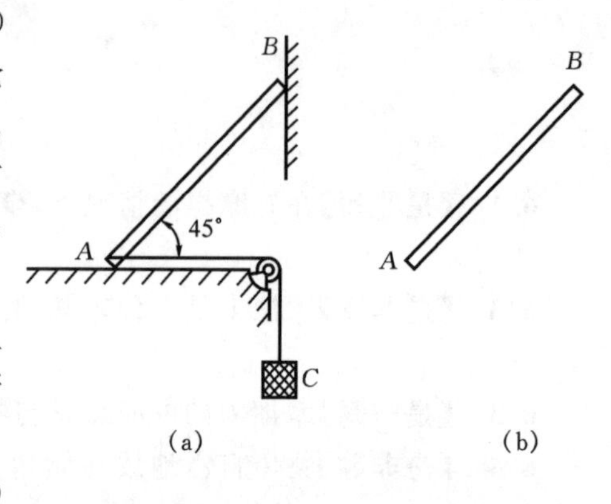

题 6.10 图

解　(1) 取 AB 杆为研究对象，假设其平衡，且 B 点有向上滑动的趋势。则 AB 杆受力如图(b)所示（将杆的受力画在图(b)上）。列平衡方程：

$\sum X=0$，______________________________ ①

$\sum M_A(\boldsymbol{F})=0$，__________________________ ②

解方程得

$F_{NB}=$____________________，　$F_B=$____________________。

$F_{B\max}=f_s F_{NB}=$____________________________。

比较 F_B 与 $F_{B\max}$ 可知：AB 杆处于平衡的临界状态，且 B 点有向上滑动趋势。

(2) 将 $F_2=170$ N 代入上述平衡方程，可解得

$F_{NB}=$____________________，　$F_B=$____________________

$F_{B\max}=f_s F_{NB}=$____________________________

比较 F_B 与 $F_{B\max}$ 可知：AB 杆仍平衡，且 B 点有向上滑动趋势。

6.11　重为 $F_1=1\ 000$ N 的滑动门放置在水平轨道上，如图所示。若 A、B 两支点与轨道之间的静摩擦因数各为 0.2 和 0.3。试分别求出滑动门向左和向右滑动时，作用于把手 C 处的水平力 $\boldsymbol{F}_2$ 的大小。

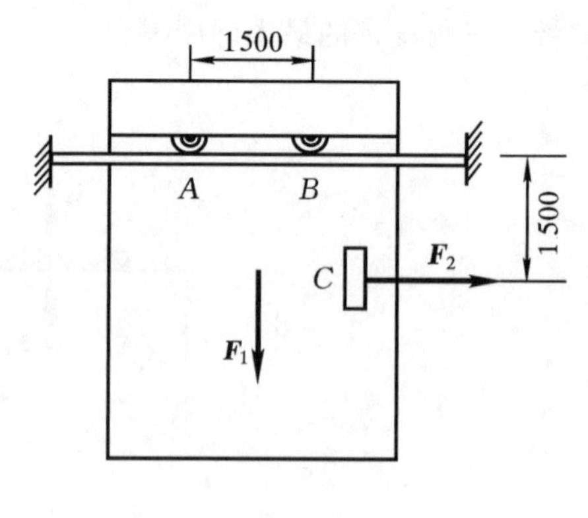

题 6.11 图

6.12 静定水平组合梁如图所示，已知$\overline{AC}=\overline{CD}=\overline{DB}=L=2$ m，$\overline{CK}=l$，分布载荷的最大值$q=1.960$ kN/m，重为$F=5.880$ kN的物块E放置在粗糙的斜面上，物块与斜面间的摩擦因数$f_s=0.3$，并用细绳跨过定滑轮连接在CB杆的中点D上，不计梁的自重。试求：(1)物体系统平衡时，l的取值范围；(2)当$l=2$ m时，固定端A处的约束力及重物E受到的摩擦力。

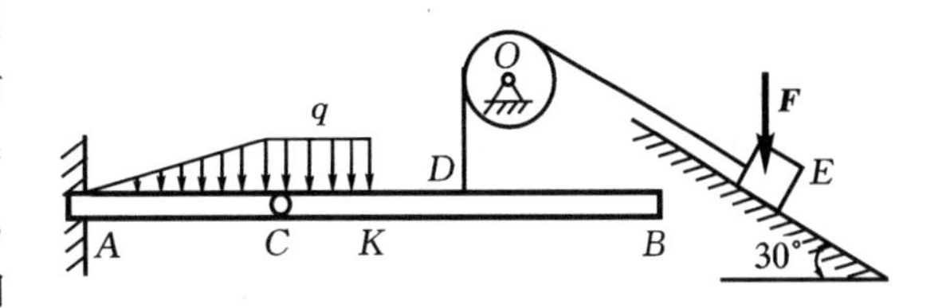

题6.12图

6.13　均质杆 AD 重为 F，长为 4 m，用一根短杆支撑。若 $\overline{AB}=\overline{BC}=\overline{AC}=3$ m，且 A、B、C 三处的摩擦角均为 30°，不计 BC 杆的自重。试求 AD 杆上 A、C 两处的受力。

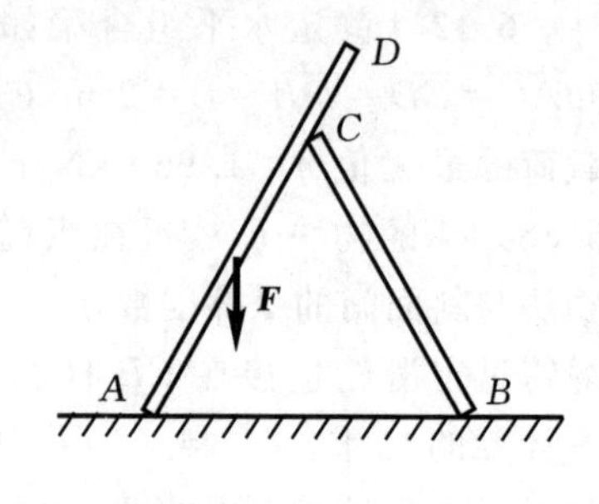

题 6.13 图

6.14　一均质杆长为 L，重为 $\boldsymbol{F}$，其 B 端靠在粗糙的铅垂墙壁上，A 端用光滑球铰与水平面相连接。已知杆与墙壁间的摩擦因数为 f_s。欲使此杆不会自动下滑，平面 AOB 与过 OA 的铅垂面间的夹角 α 最大为多少？

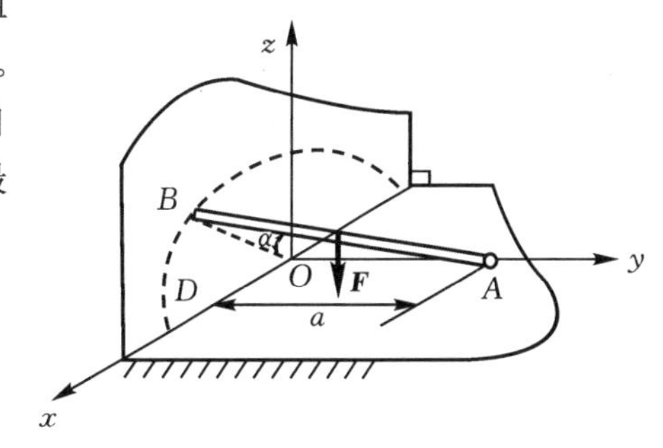

题 6.14 图

*6.15　重为 981 N、半径为 400 mm 的钢管置于倾角为 20°的斜面上。若用一 L 形推板将其沿斜面拖动。略去 L 形推板的自重及滑道内的摩擦，已知推板与钢管之间的静滑动摩擦因数和动滑动摩擦因数分别为 $f_{s1}=0.45$ 和 $f_1=0.4$，钢管与斜面之间的静滑动摩擦因数和动滑动摩擦因数分别为 $f_{s2}=0.18$ 和 $f_2=0.15$。试求拖动力 $\boldsymbol{F}$ 的最小值。

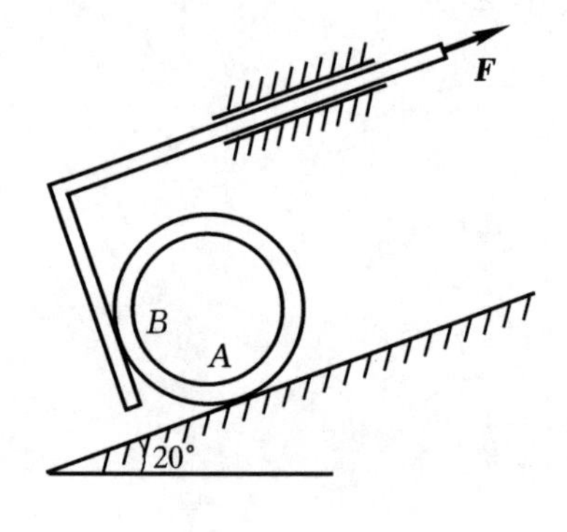

题 *6.15 图

7　点的运动学

7.1　【是非题】描述点的运动常采用矢量法、直角坐标法和自然法。矢量法能同时表示出点的运动参数的大小和方向，运算简捷，故常应用于理论推证；自然法中把点的运动与其轨迹的几何性质密切结合起来，使得点的各运动参数的物理意义清楚，所以，已知点的运动轨迹时，往往采用自然法；采用直角坐标法不需要预先知道点的运动轨迹，因此无论是否已知点的运动轨迹，都可以应用直角坐标法。　（　　）

7.2　【是非题】点在运动过程中，若速度大小等于常量，则加速度必然等于零。　（　　）

7.3　【是非题】点作曲线运动时，下述说法是否正确：

(1) 若切向加速度为正，则点作加速运动；　（　　）

(2) 若切向加速度与速度符号相同，则点作加速运动；　（　　）

(3) 若切向加速度为零，则速度为常矢量。　（　　）

7.4　【选择题】点的切向加速度与其速度（　　）的变化率无关，而点的法向加速度与其速度（　　）的变化率无关。

A. 大小　　　B. 方向

7.5　【填空题】点作曲线运动时，法向加速度等于零的情况可能是________________。

7.6　【引导题】已知点的运动方程为 $x=L(bt-\sin bt)$，$y=L(L-\cos bt)$。其中，L、b 为大于零的常数。求该点轨迹的曲率半径。

解　点的速度在 x、y 轴上的投影分别为

$$\dot{x}=\underline{\qquad\qquad},\quad \dot{y}=\underline{\qquad\qquad}$$

点的速度的大小为

$$v=\sqrt{\dot{x}^2+\dot{y}^2}=\underline{\qquad\qquad}$$

点的加速度在 x、y 轴上的投影分别为

$$\ddot{x}=\underline{\qquad\qquad},\quad \ddot{y}=\underline{\qquad\qquad}$$

点的加速度的大小为

$$a=\sqrt{\ddot{x}^2+\ddot{y}^2}=\underline{\qquad\qquad}$$

点的切向加速度和法向加速度的大小分别为

$$a_t=|\mathrm{d}v/\mathrm{d}t|=\underline{\qquad\qquad}$$

$$a_n=\sqrt{a^2-a_t^2}=\underline{\qquad\qquad}$$

于是可求得点的轨迹曲率半径为

$$\rho=\underline{\qquad\qquad}$$

7.7　图示曲线规尺的各杆，长为$\overline{OA}=\overline{AB}=200$ mm，$\overline{CD}=\overline{DE}=\overline{AC}=\overline{AE}=50$ mm。如杆 OA 以匀角速度 $\omega=0.2\pi$ rad/s 绕 O 轴转动，并且当运动开始时，杆 OA 水平向右，求尺上点 D 的运动方程和轨迹。

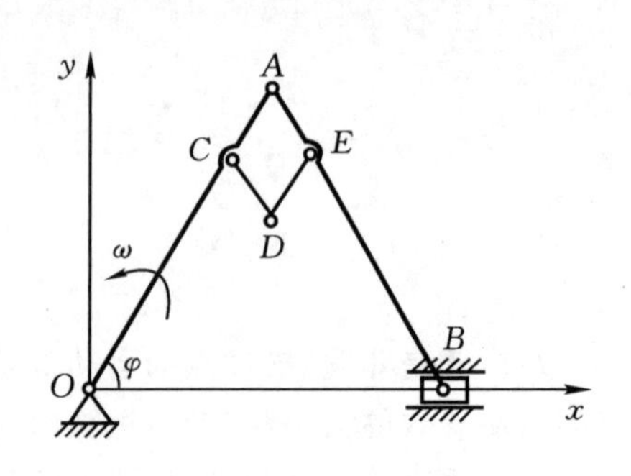

题 7.7 图

7.8　AB 杆两端与滑块以铰链连接，滑块可在各自的滑道中滑动，如图所示。已知杆长$\overline{AB}=60$ cm，$\overline{MB}=20$ cm，滑块 A 的运动规律为 $s=60\sqrt{2}\sin 2\pi t$（其中 s 以 cm 计，t 以 s 计）。试求：(1) 点 M 的运动方程；(2) 当 $t=1/12$ s 时，点 M 的速度。

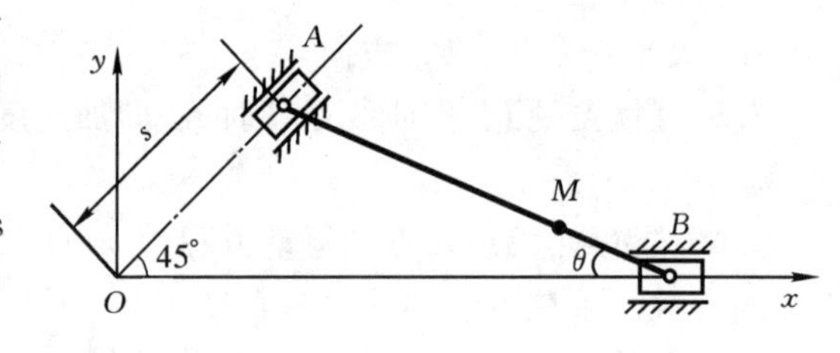

题 7.8 图

8　刚体的基本运动

8.1　【是非题】刚体平动过程中，其上各点的运动轨迹形状相同，且相互平行，每一瞬时各点的速度相等，各点的加速度也相等。　(　　)

8.2　【是非题】平动刚体上各点的运动轨迹可以是直线，可以是平面曲线，也可以是空间任意曲线。　(　　)

8.3　【是非题】定轴转动刚体的任一半径上各点的速度矢量相互平行，加速度矢量也相互平行。　(　　)

8.4　【是非题】两个半径不等的摩擦轮外接触传动，如果不出现打滑现象，则任一瞬时两轮接触点的速度相等，切向加速度也相等。　(　　)

8.5　【是非题】定轴转动刚体的转轴一定与刚体相交。　(　　)

8.6　【选择题】图示一汽车自西开来，在十字路口绕转盘转弯后向北开去，则汽车在转盘的圆形弯道行驶过程中，其车身作(　　)。

A. 平面曲线平动

B. 定轴转动

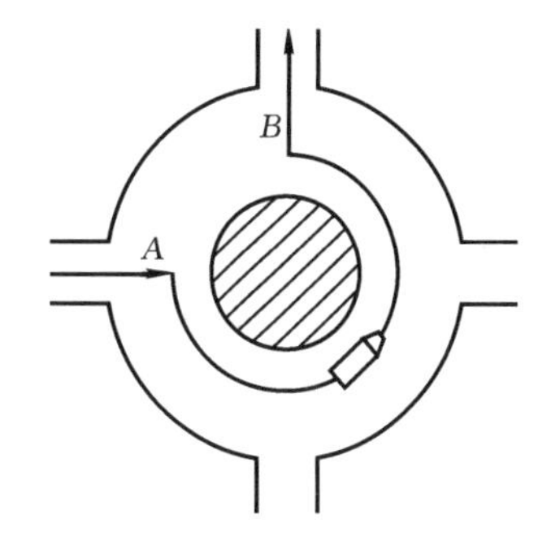

题 8.6 图

8.7　【选择题】时钟上分针转动的角速度等于(　　)。

A. 1/60 rad/s　　B. π/30 rad/s　　C. 2π rad/s

8.8　【填空题】试分别求图示各平面机构中 A 点与 B 点的速度和加速度。各点的速度和加速度的方向皆如图所示(将各点的速度和加速度矢量分别画在各自的题图上)。

(a) $v_A=$________；$a_A^t=$________，$a_A^n=$________。

$v_B=$________；$a_B^t=$________，$a_B^n=$________。

(b) $v_A=$________；$a_A^t=$________，$a_A^n=$________。

$v_B=$________；$a_B^t=$________，$a_B^n=$________。

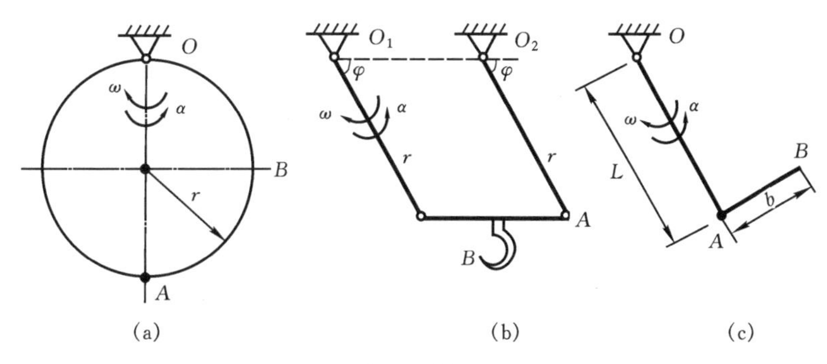

题 8.8 图

(c) $v_A=$＿＿＿＿；$a_A^t=$＿＿＿＿，$a_A^n=$＿＿＿＿。

$v_B=$＿＿＿＿；$a_B^t=$＿＿＿＿，$a_B^n=$＿＿＿＿。

8.9 【填空题】图示定轴传动轮系中，轮 1 的角速度已知，轮 3 的角速度的大小与轮 2 的齿数＿＿＿＿关，与轮 1、轮 3 的齿数＿＿＿＿关。

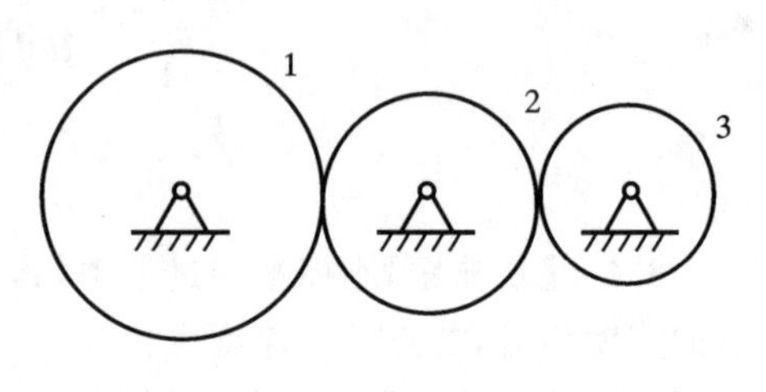

题 8.9 图

8.10 【引导题】图示平面机构中，导杆 AB 沿铅垂轨道以匀速 $\boldsymbol{v}$ 向上运动，通过套筒 A 带动摇杆 OC 绕 O 轴转动。套筒在 A 点与导杆 AB 铰接。各部分几何尺寸如图示。运动开始时，$\varphi=0$，试求 $\varphi=45°$ 时摇杆 OC 的角速度和角加速度，以及杆的端点 C 的速度和加速度。

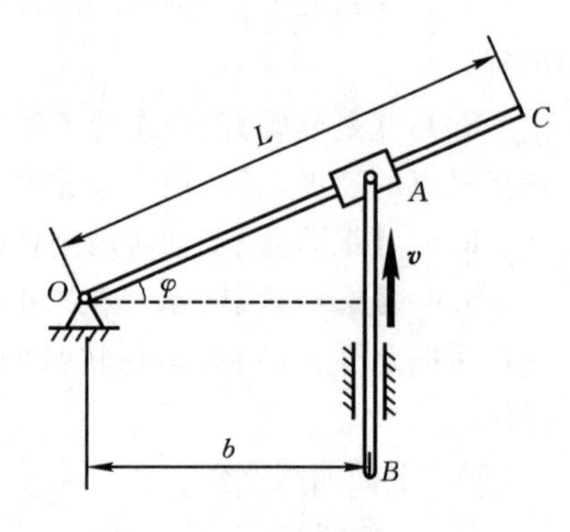

题 8.10 图

解　首先求摇杆的角速度和角加速度。根据图中的几何关系可知，$\tan\varphi=$＿＿＿＿＿＿。

由此求得摇杆 OC 的转动方程为

$$\varphi=\_\_\_\_\_\_$$

故摇杆 OC 的角速度和角加速度方程为

$$\omega=\mathrm{d}\varphi/\mathrm{d}t=\_\_\_\_\_\_$$

$$\alpha=\mathrm{d}\omega/\mathrm{d}t=\_\_\_\_\_\_$$

当 $\varphi=45°$ 时，根据转动方程有 $t=$＿＿＿＿＿＿。于是可得摇杆 OC 的角速度和角加速度为

$$\omega=\_\_\_\_\_\_,\quad \alpha=\_\_\_\_\_\_。$$

摇杆端点 C 的速度、切向加速度和法向加速度大小分别为

$$v_C=L\omega=\_\_\_\_\_\_$$

$$a_C^t=L\alpha=\_\_\_\_\_\_,\quad a_C^n=L\omega^2=\_\_\_\_\_\_$$

ω、α 的转向和 $\boldsymbol{v}_C$、$\boldsymbol{a}_C^t$、$\boldsymbol{a}_C^n$ 的方向如图所示（画在图上）。

8.11　搅拌机的构造如图所示。已知 $\overline{O_1A}=\overline{O_2B}=R$，$\overline{O_1O_2}=\overline{AB}$，杆 O_1A 以不变的转速 n 转动。试求构件 BAM 上的 M 点的运动轨迹及其速度和加速度。

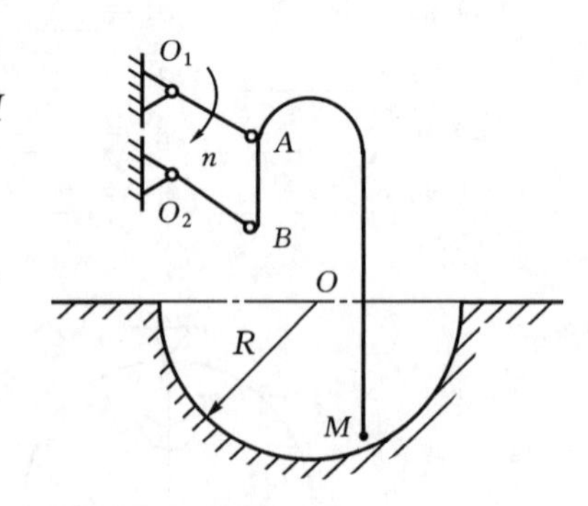

题 8.11 图

8.12 在图示机构中，已知$\overline{O_1A}=\overline{O_2B}=\overline{AM}=r=0.2$ m，$\overline{O_1O_2}=\overline{AB}$。如 O_1 轮按 $\varphi=15\pi t$ 的规律转动，其中 φ 以 rad 计，t 以 s 计。试求 $t=0.5$ s时，AB 杆上 M 点的速度和加速度。

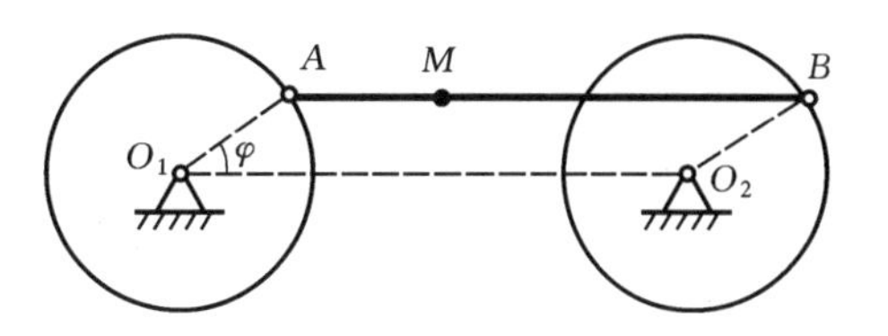

题 8.12 图

8.13　时钟内由秒针 A 到分针 B 的齿轮传动机构由四个齿轮组成，轮Ⅱ和轮Ⅲ刚性连接，齿数分别为：$z_1=8$，$z_2=60$，$z_4=64$。求齿轮Ⅲ的齿数。

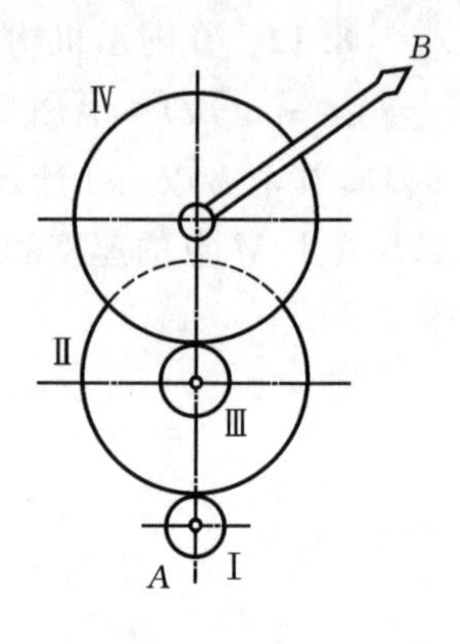

题 8.13 图

9　点的合成运动

9.1　【是非题】牵连运动是指动系相对于定系的运动，它与刚体的运动形式相同。（　　）

9.2　【是非题】动点的相对运动为直线运动、牵连运动为直线平动时，动点的绝对运动也一定是直线运动。（　　）

9.3　【是非题】某瞬时动点的相对速度不为零，动系的角速度也不为零，则动点在该瞬时的科氏加速度也不为零。（　　）

9.4　【是非题】当牵连运动为平动时，牵连加速度等于牵连速度对时间的一阶导数。

（　　）

9.5　【选择题】动点的牵连速度是指该瞬时牵连点的速度，它相对的坐标系是（　　）。

A. 动坐标系　　B. 不必确定的

C. 定坐标系　　D. 定系或动系都可以

9.6　【选择题】点的速度合成定理 $\boldsymbol{v}_a=\boldsymbol{v}_r+\boldsymbol{v}_e$ 的适用条件是（　　）。

A. 牵连运动只能是平动　　B. 牵连运动为平动和转动都适用

C. 牵连运动只能是转动　　D. 牵连运动只能是平面平动

9.7　【选择题】在图示机构中，已知 $s=a+b\sin\omega t$，且 $\varphi=\omega t$（其中 a、b、ω 均为常数），杆长为 L，若取小球 A 为动点，动系固连于物块 B，定系固连于地面，则小球 A 的牵连速度 $\boldsymbol{v}_e$ 的大小为（　　）；相对速度的大小为（　　）。

A. $L\omega$　　B. $b\omega\cos\omega t$

C. $b\omega\cos\omega t+L\omega\cos\omega t$　　D. $b\omega\cos\omega t+L\omega$

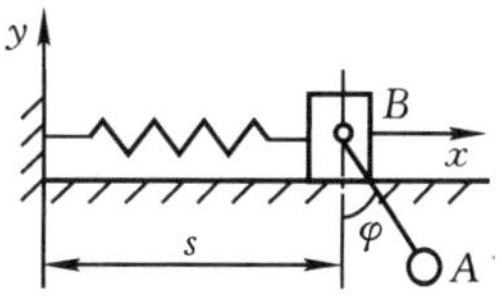

题 9.7 图

9.8　【填空题】________相对于________的运动称为动点的绝对运动；________相对于________的运动称为动点的相对运动；而________相对于________的运动称为牵连运动。

9.9　【填空题】牵连点是某瞬时________上与________相重合的那一点。

9.10　【填空题】在图示平面机构中，曲柄 OA 绕 O 轴转动，通过连杆 AB 带动滑块 B 沿水平方向运动。若以 AB 杆的端点 B 为动点，动系固连于曲柄 OA，定系固连于机架，则动点的相对运动为________，绝对运动为________，牵连运动为________。并把动点的各种速度画在图上。

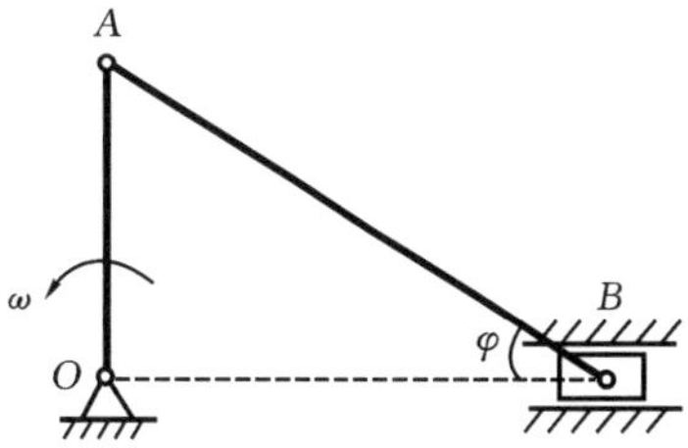

题 9.10 图

9.11　【引导题】图示曲柄摇杆机构中，$\overline{O_1O_2}=l=1\ \text{m}$。某瞬时 O_1B 逆时针转动的角速度 $\omega_1=6\ \text{rad/s}$，$\alpha=30^\circ$，试求该瞬时曲柄 O_2A 的角速度 ω_2。

解　以曲柄 O_2A 的端点 A 为动点，动系固连于摇杆 O_1B，定系固连于机架。则动点的绝对运动为________，相对运动为________，牵连运动为________。

根据速度合成定理有 $\boldsymbol{v}_a=\boldsymbol{v}_r+\boldsymbol{v}_e$，其中

速度	$\boldsymbol{v}_a$	$\boldsymbol{v}_e$	$\boldsymbol{v}_r$
大小			
方向			

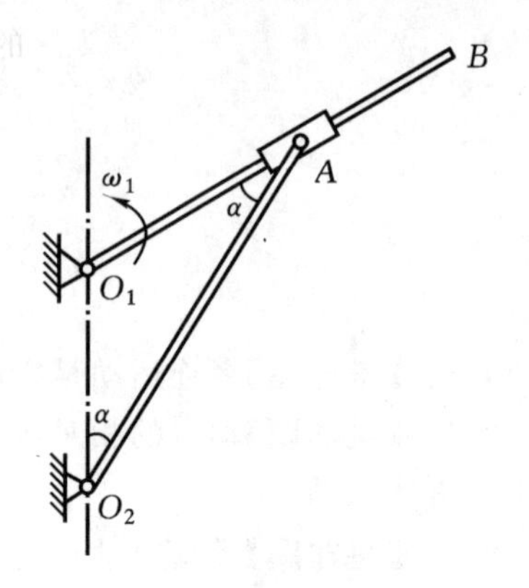

题 9.11 图

于是可得动点的速度平行四边形(将动点的速度平行四边形画在图上)。由几何关系，可求得

$v_a=$＿＿＿＿＿＿＿＿

杆 O_2A 的角速度 $\omega_2=$＿＿＿＿＿＿＿＿＿＿，转向为＿＿＿＿。

9.12　甲车的中心 A 沿半径为 150 m 的圆弧轨道以速度 $v_A=60$ km/h 行驶。乙车沿直线轨道行驶，在图示瞬时乙车的速度 $v_B=60$ km/h。试求乙车的中心 B 相对于甲车的速度。

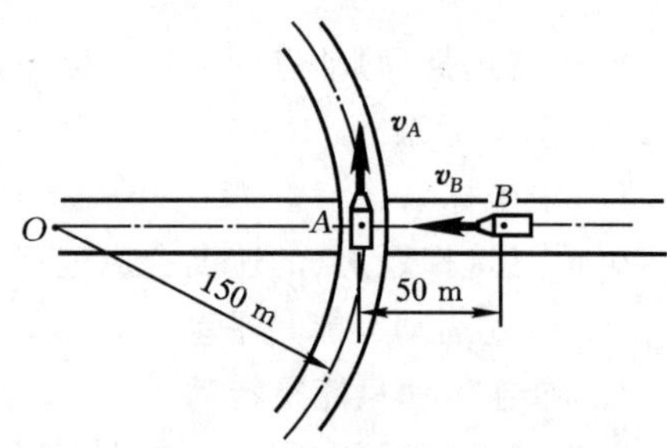

题 9.12 图

9.13 半径为R,偏心距为e的凸轮以匀角速度ω绕O轴转动,AB杆长为l,A端置于凸轮上。图示瞬时,AB杆处于水平位置。试求此瞬时杆AB的角速度。

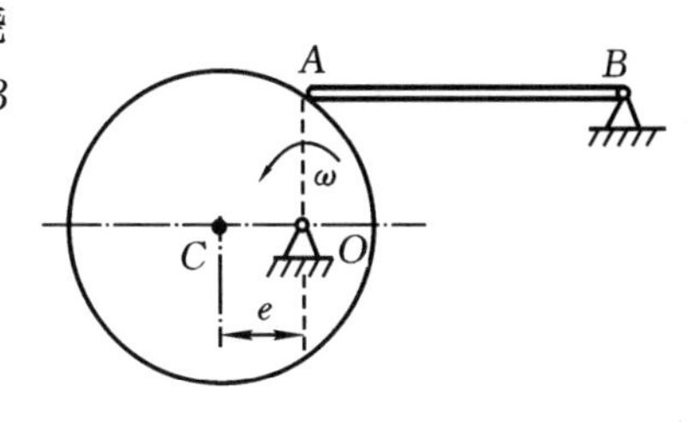

题 9.13 图

9.14 平面机构如图所示,曲柄O_1A以角速度ω绕O_1轴转动,通过滑块和摇杆O_2B带动DCE运动,已知$\overline{O_1A}=R$、$\overline{O_2B}=4R$,在图示位置,O_1A处于铅垂位置,滑块A为O_2B的中点。试求该瞬时CD杆上E点的速度。

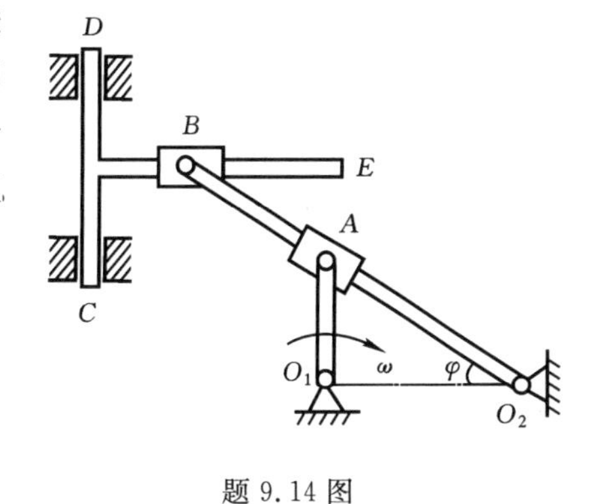

题 9.14 图

*__9.15__　在图示机构中，小环 M 将两曲柄松套在一起。$\overline{O_1O_2}=20\sqrt{3}$ cm。设图示位置时 $\overline{O_1M}=\overline{O_2M}$，$\varphi=30°$，$\omega_1=0.2$ rad/s，$\omega_2=0.15$ rad/s。试求该瞬时小环 M 的绝对速度。

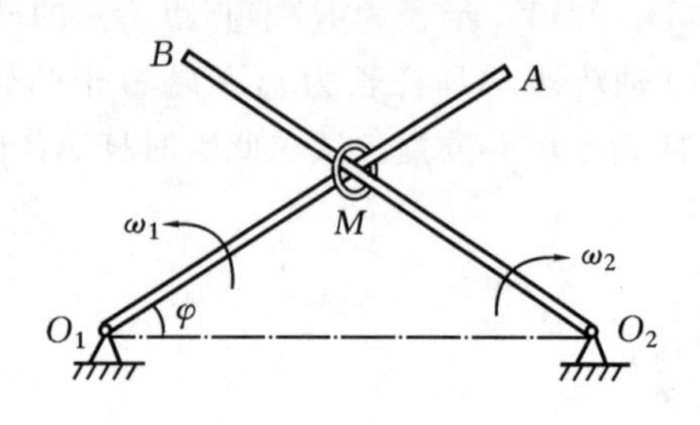

题 *9.15 图

__9.16__　【引导题】图示平面机构中，$\overline{O_1A}=\overline{O_2B}=R=10$ cm，又 $\overline{O_1O_2}=\overline{AB}$，水平杆 AB 上套有一套筒 C，此套筒与可沿铅垂滑道运动的 CD 杆铰接。当 $\varphi=60°$ 时，杆 O_1A 的角速度 $\omega=2$ rad/s，角加速度 $\alpha=\sqrt{3}$ rad/s²，转向如图。试求该瞬时 CD 杆的速度和加速度。

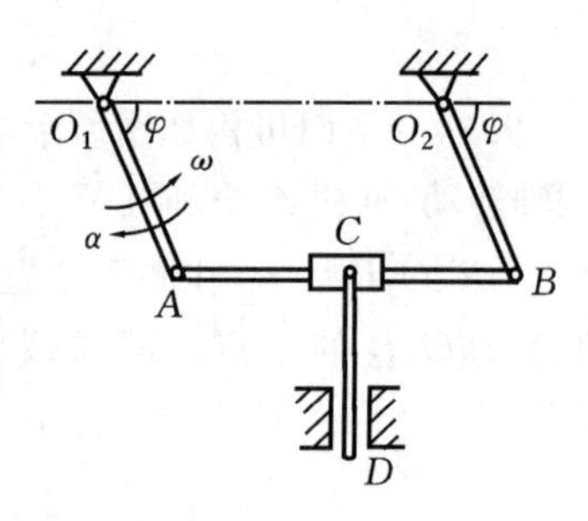

题 9.16 图

__解__　以套筒 C 为动点，动系固连于 AB，定系固连于机架。则动点的绝对运动为＿＿＿＿＿＿；相对运动为＿＿＿＿＿＿；牵连运动为＿＿＿＿＿＿。

根据 $\boldsymbol{v}_a=\boldsymbol{v}_e+\boldsymbol{v}_r$ 在图上画出动点的速度平行四边形，其中

速度	$\boldsymbol{v}_a$	$\boldsymbol{v}_e$	$\boldsymbol{v}_r$
大小			
方向			

可求得 $v_{CD}=v_a=$＿＿＿＿＿＿＿＿，方向＿＿＿＿＿＿。

根据加速度合成定理有 $\boldsymbol{a}_a=\boldsymbol{a}_e^t+\boldsymbol{a}_e^n+\boldsymbol{a}_r$（将动点的加速度分析画在图上），其中

加速度	$\boldsymbol{a}_a$	$\boldsymbol{a}_e^t$	$\boldsymbol{a}_e^n$	$\boldsymbol{a}_r$
大小				
方向				

将加速度矢量式向＿＿＿＿＿＿投影，有＿＿＿＿＿＿＿＿＿＿＿＿＿＿。

可解得 $a_{CD}=a_a=$＿＿＿＿＿＿＿＿＿＿，方向＿＿＿＿＿＿＿。

9.17　图示半径为 R 的半圆形凸轮沿水平面向右运动，使杆 OA 绕定轴 O 转动。$\overline{OA}=R$，若在图示瞬时杆 OA 与铅垂线间的夹角 $\theta=30^\circ$，点 O 与 O_1 恰在同一铅垂线上，凸轮的速度为 $\boldsymbol{v}$，加速度为 $\boldsymbol{a}$。试求该瞬时 OA 杆的角速度和角加速度。

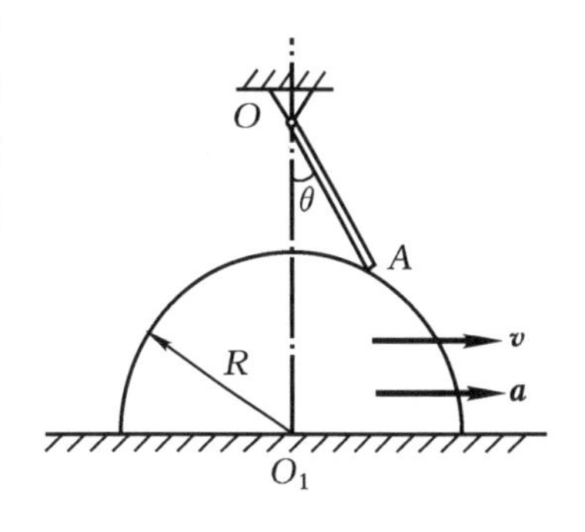

题 9.17 图

9.18　曲柄滑道机构中，$\overline{OA}=R$，以匀角速度 ω 绕 O 轴转动。装在水平杆上的滑槽 DE 与水平线成 60° 角，试求当曲柄与水平线的交角 $\varphi=30^\circ$ 时，滑杆的速度和加速度。

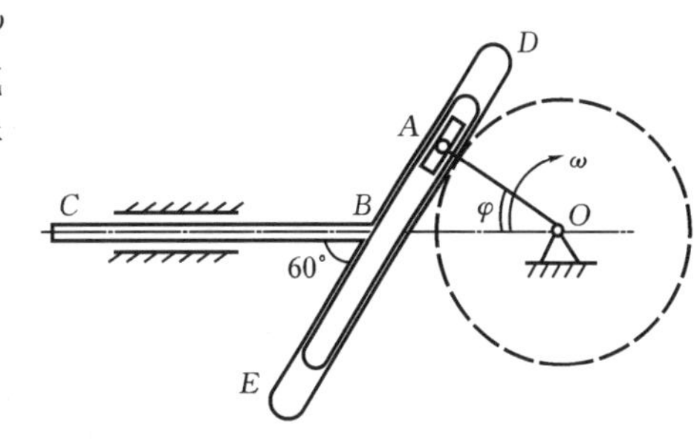

题 9.18 图

9.19　平面机构如图所示，曲柄 OA 长 1 m，以 $\varphi=\pi t/18$ 的规律绕 O 轴转动，带动 T 形杆 BCD 左右移动，半径 $R=1$ m 的半圆环与 T 形杆固连，小环 M 沿圆弧 $\overset{\frown}{O_1M}=s=\pi t^2/36$ 规律运动。φ 以 rad 计，s 以 m 计，t 以 s 计。试求当 $t=3$ s 时，小环 M 相对于机架的速度和加速度。

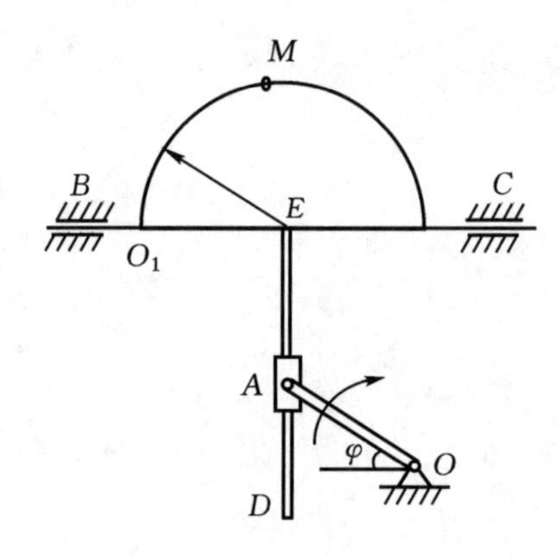

题 9.19 图

9.20　圆盘的半径 $R=2\sqrt{3}$ cm，以匀角速度 $\omega=2$ rad/s 绕位于盘缘的水平固定轴 O 转动，并带动杆 AB 绕水平固定轴 A 转动，杆与圆盘在同一铅垂面内。图示瞬时 A、C 两点位于同一铅垂线上，且杆与铅垂线 AC 的夹角 $\varphi=30°$，试求此瞬时 AB 杆转动的角速度与角加速度。

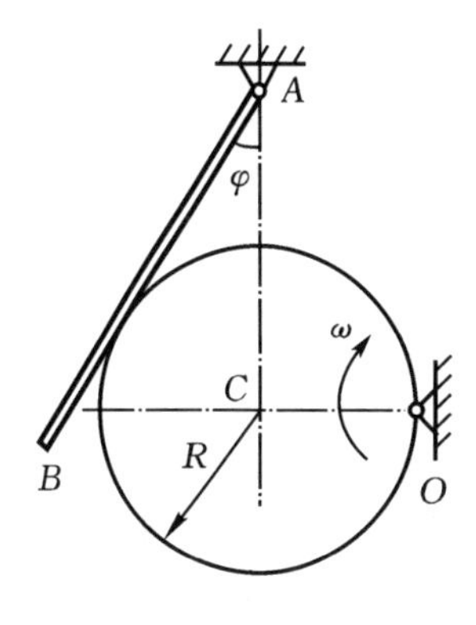

题 9.20 图

***9.21**　地球卫星沿距地面高度为 h，且通过南北两极的圆周运行。当运行至北纬 φ 上空时，卫星相对于地心坐标系的速度为 v_r，切向加速度 $a_r^t=0$。设地球半径 R。试求卫星相对于日心坐标系的加速度。(略去地球公转的影响)

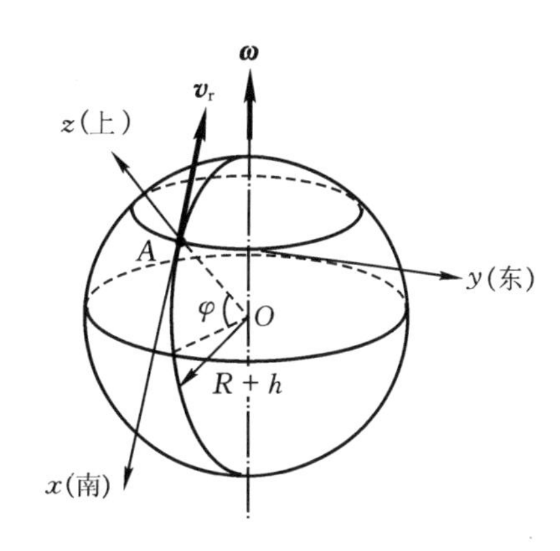

题 *9.21 图

*9.22　摆杆 AB 与水平杆 CD 以铰链 A 连接，AB 杆可在套筒 EF 内滑动，同时又随套筒绕固定轴 O 摆动。已知：$l=1\ \mathrm{m}$，在图示位置时，$\varphi=30^\circ$，CD 杆的速度 $v=2\ \mathrm{m/s}$，方向向右；加速度 $a=0.5\ \mathrm{m/s^2}$，方向向左。试求此瞬时：(1) 套筒 EF 的角速度以及 AB 杆在套筒中滑动的速度；(2) 套筒 EF 的角加速度以及 AB 杆在套筒中滑动的加速度。

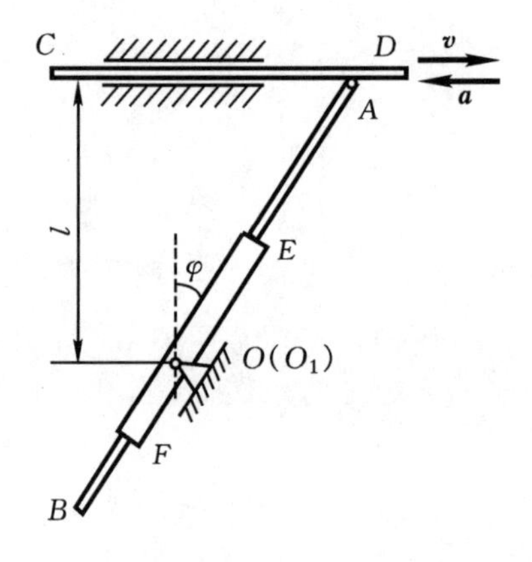

题 *9.22 图

10　刚体的平面运动

10.1　【是非题】刚体运动过程中，其上任一点至某一固定平面的距离始终保持不变，这种运动称为刚体的平面运动。　（　　）

10.2　【是非题】平行于某固定平面作平面运动的刚体，其上任一条与此固定平面相垂直的直线都作平动。　（　　）

10.3　【是非题】平面图形对于固定参考系的角速度和角加速度与平面图形绕任选基点的角速度和角加速度相同。　（　　）

10.4　【是非题】刚体的平动和定轴转动都是刚体平面运动的特殊情形。　（　　）

10.5　【是非题】刚体上任意两点的速度在这两点连线上的投影相等。　（　　）

10.6　【填空题】刚体的平面运动可以简化为一个＿＿＿＿在自身平面内的运动。平面图形的运动可以分解为随基点的＿＿＿＿和绕基点的＿＿＿＿。其中，＿＿＿＿部分为牵连运动，它与基点的选取＿＿＿＿关；而＿＿＿＿部分为相对运动，它与基点的选取＿＿＿＿关。

10.7　【填空题】如图所示，边长为 L 的等边三角形板在其自身平面内运动，已知 A 点的速度大小为 v_A，B 点的速度沿 CB 方向，则此时三角板的角速度大小为＿＿＿＿＿；C 点的速度大小为＿＿＿＿＿。

10.8　【填空题】某瞬时，平面图形上 A 点的速度 $v_A \neq 0$，加速度 $a_A = 0$，B 点的加速度大小为 $a_B = 40\ \mathrm{cm/s^2}$，与 AB 连线间夹角 $\varphi = 60°$。若 $\overline{AB} = 5\ \mathrm{cm}$，则此瞬时该平面图形角速度的大小 $\omega =$＿＿＿＿；角加速度的大小 $\alpha =$＿＿＿＿。

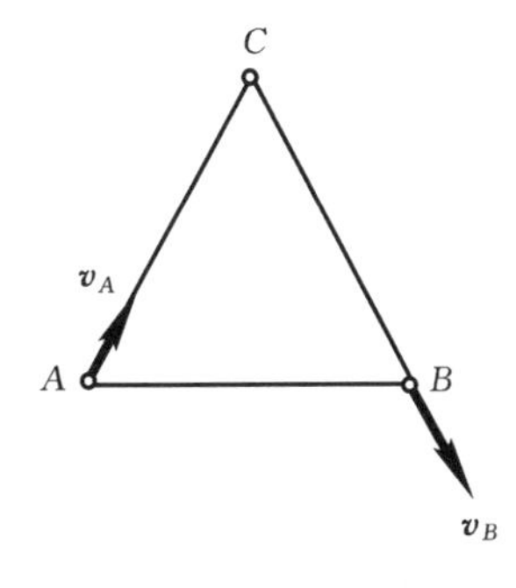

题 10.7 图

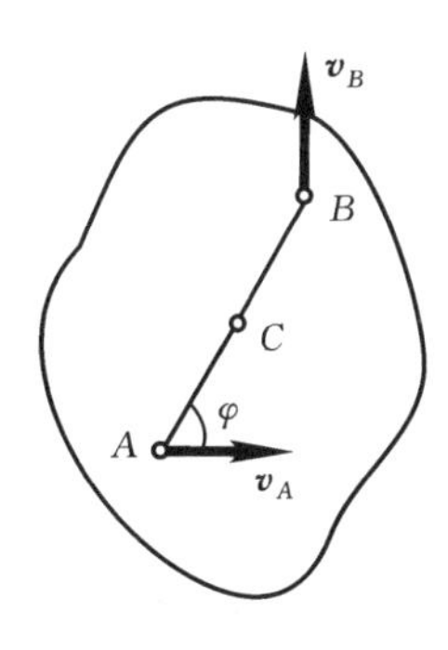

题 10.9 图

10.9　【选择题】某瞬时平面图形上任意两点 A、B 的速度分别为 $\boldsymbol{v}_A$ 和 $\boldsymbol{v}_B$。则此时该两点连线中点 C 的速度为（　　）。

A. $\boldsymbol{v}_C = \boldsymbol{v}_A + \boldsymbol{v}_B$　　B. $\boldsymbol{v}_C = (\boldsymbol{v}_A + \boldsymbol{v}_B)/2$

C. $\boldsymbol{v}_C = (\boldsymbol{v}_A - \boldsymbol{v}_B)/2$　　D. $\boldsymbol{v}_C = (\boldsymbol{v}_B - \boldsymbol{v}_A)/2$

10.10　【选择题】平面图形上任意两点 A、B 的加速度 $\boldsymbol{a}_A$、$\boldsymbol{a}_B$ 与 A、B 连线垂直，且 $a_A \neq a_B$，则该瞬时，平面图形的角速度 ω 和角加速度 α 应为（　　）。

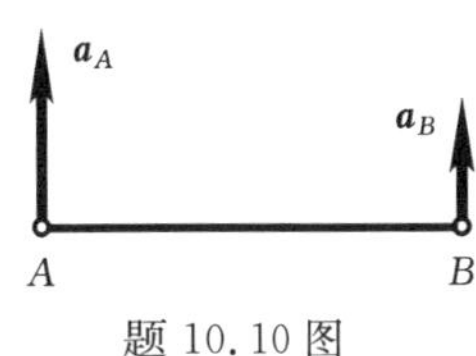

题 10.10 图

A. $\omega\neq0$, $\alpha\neq0$　　B. $\omega\neq0$, $\alpha=0$

C. $\omega=0$, $\alpha\neq0$　　D. $\omega=0$, $\alpha=0$

10.11　【选择题】平面机构在图示位置时，AB 杆水平，OA 杆铅直。若 B 点的速度 $v_B\neq0$，加速度 $a_B^t=0$，则此瞬时 OA 杆的角速度 ω 和角加速度 α 为（　　）。

A. $\omega=0$, $\alpha\neq0$　　B. $\omega\neq0$, $\alpha=0$

C. $\omega=0$, $\alpha=0$　　D. $\omega\neq0$, $\alpha\neq0$

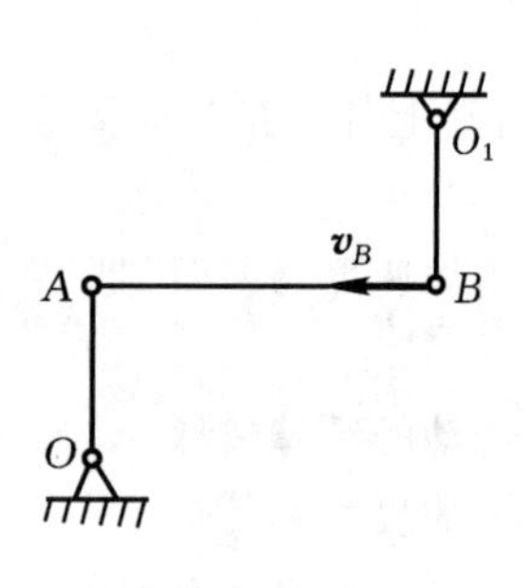

题 10.11 图

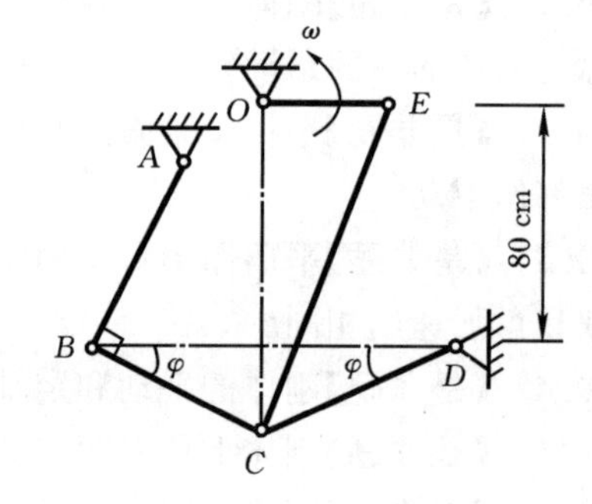

题 10.12 图

10.12　【引导题】轧碎机结构如图所示。曲柄 OE 绕定轴 O 转动，通过连杆组的带动，使夹板 AB 绕轴 A 摆动。已知：曲柄OE长 $r=10$ cm，匀角速度 $\omega=10$ rad/s，转向逆时针。$\overline{BC}=\overline{CD}=40$ cm，$\overline{AB}=60$ cm。在图示位置时 $\varphi=30°$，OE 水平，$AB\perp BC$。试求该瞬时夹板 AB 的角速度。

解　OE 杆绕定轴 O 转动，E 点速度为 $v_E=$＿＿＿＿＿＿。

杆 CE 作平面运动。杆 CE 与杆 CD 在 C 处铰接，可以确定 C 点的速度方位必垂直于 CD 杆。作 C、E 两点速度的垂线，得交点 P_1，即为杆 CE 的速度瞬心（在图上标出点 P_1 的位置）。由图中几何关系，可知$\overline{OC}=100$ cm，$\overline{EP_1}=$＿＿＿＿＿，$\overline{CP_1}=$＿＿＿＿＿，可求得 C 点的速度为 $v_C=$＿＿＿＿＿＿。

又因杆 BC 作平面运动。C 点速度已知，B 点速度方位必垂直于 AB 杆。根据速度投影定理有＿＿＿＿＿＿＿＿，可得 B 点的速度 $v_B=$＿＿＿＿＿＿＿。

根据定轴转动理论，得夹板 AB 的角速度

$\omega_{AB}=$＿＿＿＿＿＿＿＿，转向为＿＿＿＿＿＿。

10.13　杆 AB 长为 $L=1.5$ m，一端铰接在半径为 $r=0.5$ m 的轮缘上，另一端放在水平面上，如图所示。轮沿地面作纯滚动，已知轮心 O 的速度为 $v_O=20$ m/s。试求图示瞬时（OA 水平）B 点的速度以及轮和杆的角速度。

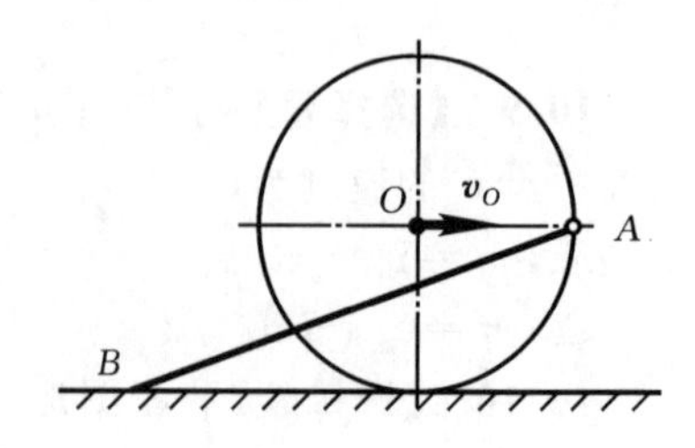

题 10.13 图

10.14　直杆 AB 与圆柱 C 相切，A 点以匀速 60 cm/s 向右滑动，圆柱在水平面上滚动，圆柱半径 $r=10$ cm。设杆与圆柱之间及圆柱与水平面之间均无滑动。试求当 $\varphi=60°$时，直杆 AB 以及圆柱 C 的角速度。

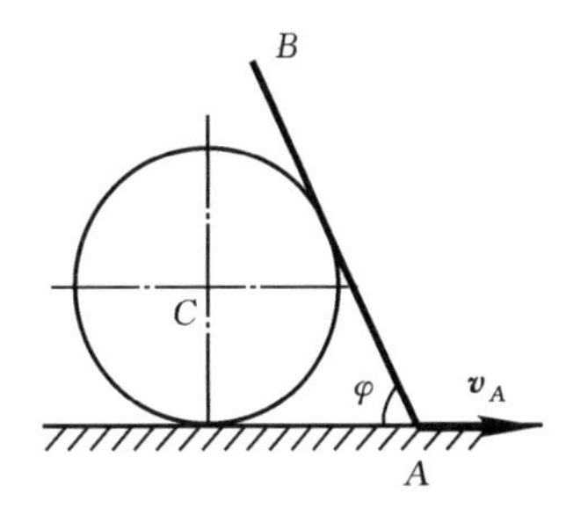

题 10.14 图

10.15　平面机构如图所示。已知：$\overline{AB}=\overline{AC}=\overline{O_1O_2}=r=10$ cm，$\overline{OA}=\sqrt{2}r$，D 为 O_1C 的中点。在图示位置时 $\varphi=\theta=45°$，AC 水平，AB 铅垂，滑块 B 的速度 $v=2$ m/s，且 O、C、O_1 三点处于同一铅垂线上。试求该瞬时 DE 杆的角速度。

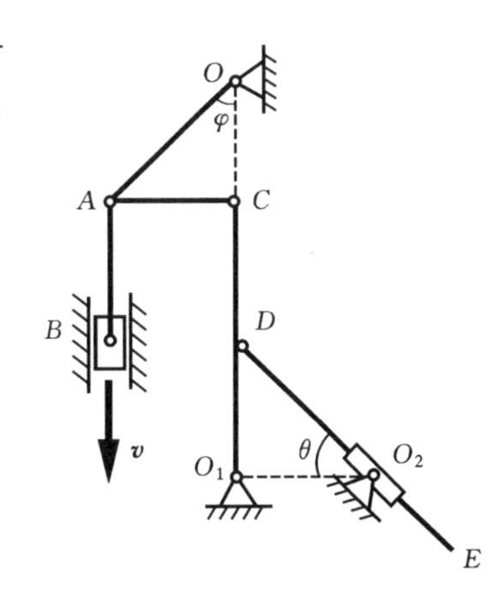

题 10.15 图

10.16　在图示机构中，已知曲柄长$\overline{OO_1}=r/2$，以匀角速度ω转动，半径为r的齿轮Ⅰ在半径为$R=1.5\ r$的固定内齿轮Ⅱ上作纯滚动。试求齿轮Ⅰ转动的角速度ω_1及其边缘上点A、B的速度。

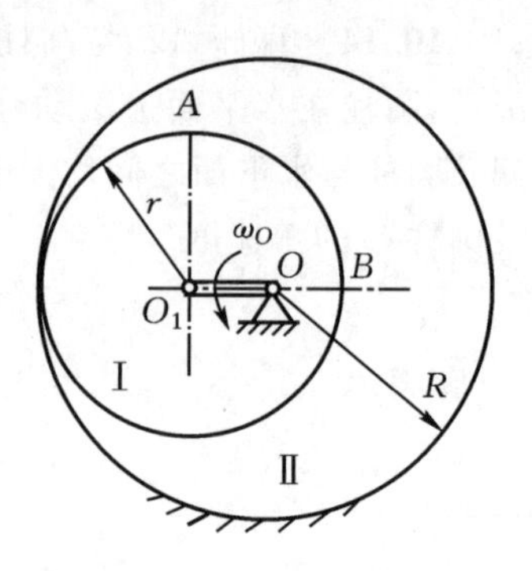

题 10.16 图

10.17　**【引导题】**图示平面机构中，直角三角形板ABC在A、B两处分别与杆AO_1、BO_2铰接。已知杆AO_1以匀角速度ω绕O_1轴顺时针转动，$\overline{AO_1}=r$，$\overline{AB}=\overline{BC}=\overline{BO_2}=2r$，$\angle ABC=90°$。在图示瞬时杆$AO_1$和$BO_2$铅垂，$AC$水平。试求该瞬时$C$点的速度和加速度。

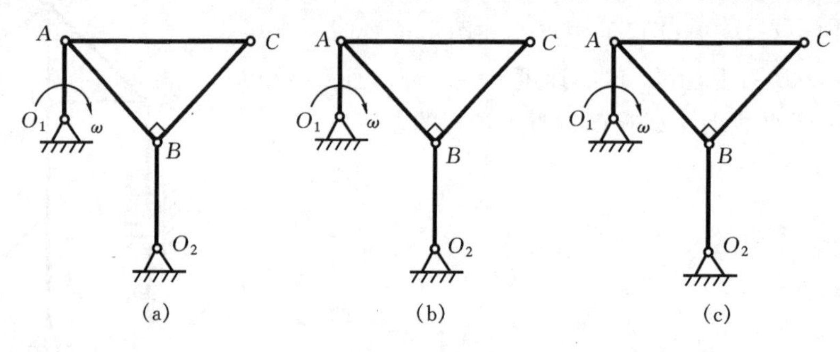

题 10.17 图

解　本机构中三角板ABC作平面运动，杆AO_1和BO_2均作定轴转动。因为在图示位置，$\boldsymbol{v}_A /\!/ \boldsymbol{v}_B$，所以知该瞬时三角板$ABC$处于＿＿＿＿状态，其角速度＿＿＿＿，板上各点的速度＿＿＿＿＿，故C点的速度$v_C=$＿＿＿＿＿；方向＿＿＿＿＿。

先以A为基点，有

$$\boldsymbol{a}_B=\boldsymbol{a}_B^{\mathrm{t}}+\boldsymbol{a}_B^{\mathrm{n}}=\boldsymbol{a}_A+\boldsymbol{a}_{BA}^{\mathrm{t}}+\boldsymbol{a}_{BA}^{\mathrm{n}} \qquad ①$$

其中

加速度	$\boldsymbol{a}_B^{\mathrm{t}}$	$\boldsymbol{a}_B^{\mathrm{n}}$	$\boldsymbol{a}_A$	$\boldsymbol{a}_{BA}^{\mathrm{t}}$	$\boldsymbol{a}_{BA}^{\mathrm{n}}$
大小					
方向					

将 B 点的加速度矢量图画在图(b)上，并将加速度矢量方程①向铅垂方向投影，得＿＿＿＿＿＿＿＿＿＿＿＿＿＿＿＿＿＿＿＿＿＿。

可以解得 $a_{BA}^{t}=$＿＿＿＿＿＿＿＿＿＿，三角形板的角加速度 $\alpha=$＿＿＿＿＿＿＿＿＿＿。

仍以 A 点为基点，又有

$$\boldsymbol{a}_C=\boldsymbol{a}_A+\boldsymbol{a}_{CA}^{t}+\boldsymbol{a}_{CA}^{n} \quad ②$$

其中

加速度	$\boldsymbol{a}_C$	$\boldsymbol{a}_A$	$\boldsymbol{a}_{CA}^{t}$	$\boldsymbol{a}_{CA}^{n}$
大小				
指向				

将 C 点的加速度矢量图画在图(c)上，并将加速度矢量方程②沿铅垂方向投影，可得 C 点的加速度为

$$a_C=\text{＿＿＿＿＿＿＿＿＿＿＿＿＿＿}$$

10.18　在图示平面机构中，曲柄 OA 以匀角速度 $\omega=3$ rad/s 绕 O 轴转动，$\overline{AC}=L=3$ m，$R=1$ m，轮沿水平直线轨道作纯滚动。在图示位置时，OC 为铅垂位置，$\varphi=60°$。试求该瞬时：(1) 轮缘上 B 点的速度；(2) 轮的角加速度。

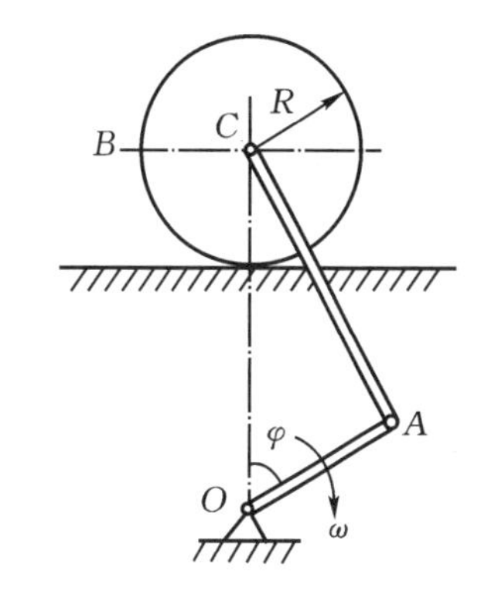

题 10.18 图

10.19 在图示四连杆机构中，已知 $\overline{OA}=10$ cm，$\overline{AB}=\overline{O_1B}=25$ cm。在图示位置时，OA 杆的角速度 $\omega=2$ rad/s、角加速度 $\alpha=3$ rad/s^2，且 O、A、B 位于同一水平线上。试求该瞬时：(1) AB 杆的角速度和角加速度；(2) O_1B 杆的角速度和角加速度。

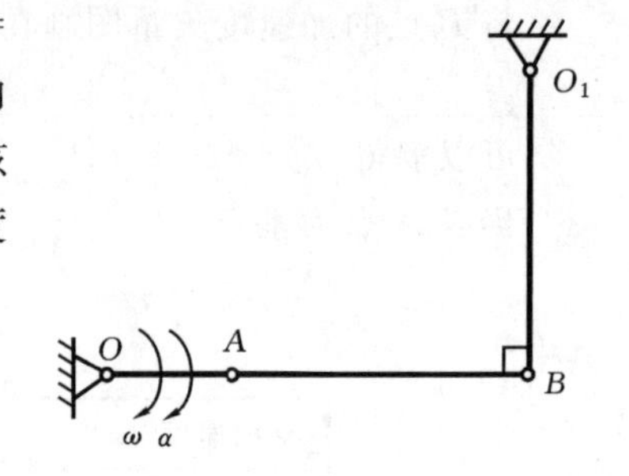

题 10.19 图

10.20 图示杆 AB 与圆轮在轮缘 B 处铰接，带动圆轮沿固定圆弧轨道作纯滚动。已知：杆长 $L=25$ cm，$r=10$ cm，$R=30$ cm。在图示位置时，滑块的速度 $v_A=40$ cm/s，方向向右；加速度 $a_A=60$ cm/s^2，方向向左。试求该瞬时圆轮的角速度和角加速度。

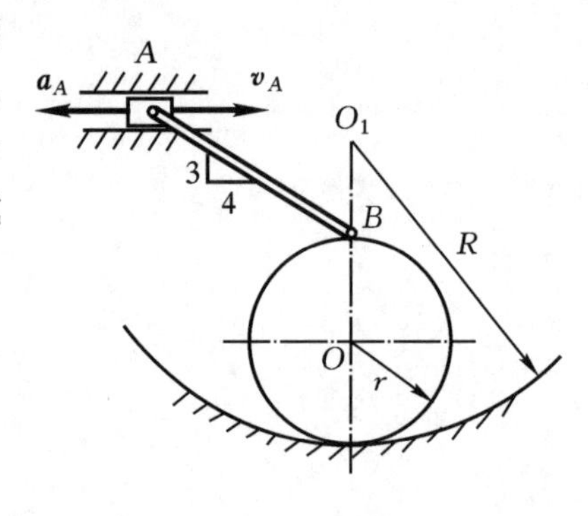

题 10.20 图

10.21　平面机构如图所示。已知 OA 杆以匀角速度 ω 绕 O 轴转动，与直角三角形板 ABC 铰接的滑块 B 被限制在水平轨道中，套筒 C 与板铰接，其中 $\overline{OA}=R$，DE 穿过套筒 C。在图示位置时，OA 杆铅垂，AB 与 DE 平行，$\varphi=30°$。试求该瞬时：(1) 滑块 B 的加速度；(2) DE 杆的角速度和角加速度。

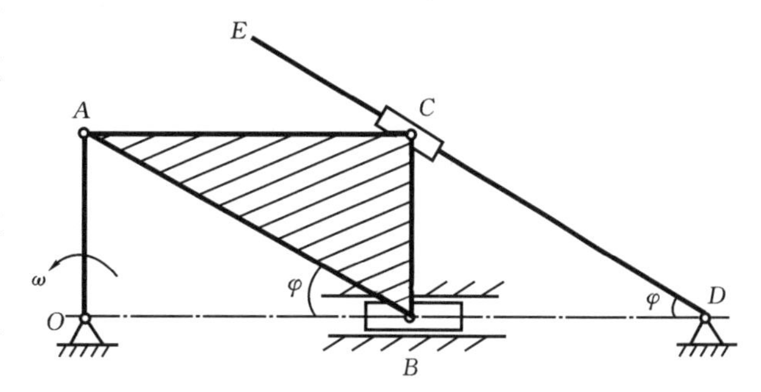

题 10.21 图

*$\mathbf{10.22}$　在图示机构中，已知曲柄 OA 以匀角速度 $\omega=5$ rad/s 绕 O 轴转动，$r=18$ cm，$R=30$ cm，$\overline{OA}=24$ cm，$\overline{AB}=L=1$ m，轮 A、轮 B 作纯滚动；在图示 $\varphi=30°$ 位置时，AB 恰处于水平。试求该瞬时：(1) 轮 A 的角速度和角加速度；(2) 轮 B 的角速度和角加速度；(3) 杆 AB 的角速度和角加速度。

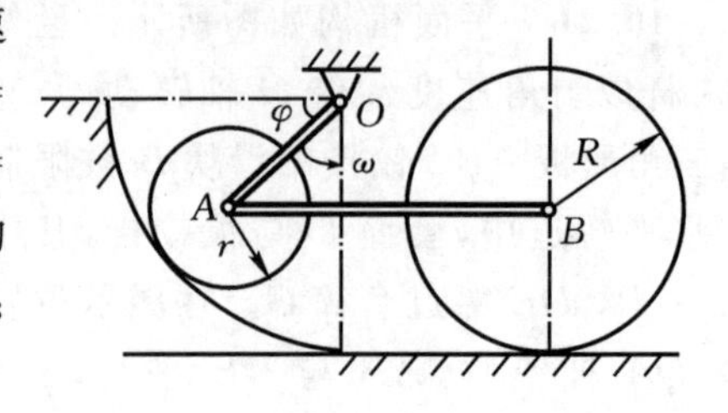

题 *10.22 图

*10.23 平面机构如图所示。已知 OA 杆的角速度 ω 为常量，轮Ⅱ沿固定轮Ⅰ作纯滚动，两轮半径均为 r，$\overline{AB}=\sqrt{3}r$，BE 穿过套筒 C。在图示位置时，OA 杆铅垂，AB 水平，$\varphi=30°$。试求该瞬时：(1) BE 杆的角加速度；(2) BE 杆上的 C 点相对于套筒的加速度。

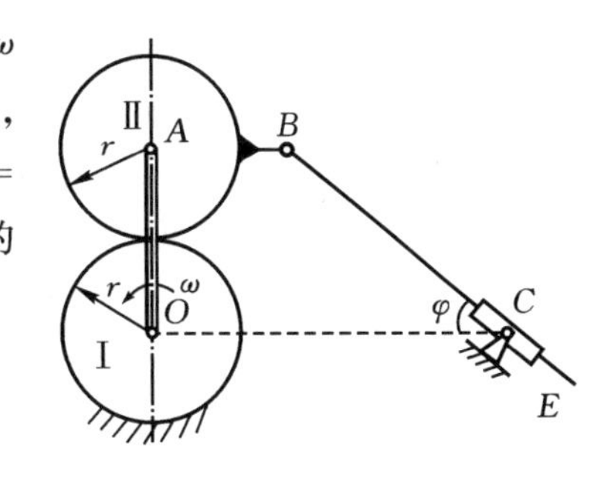

题*10.23图

*****10. 24** 平面机构由直角曲杆 ABC、直杆 BD、直杆 ED、套筒 E 和滑块 D 组成。已知：$\overline{AB}=r$，$\overline{BD}=\overline{ED}=\sqrt{2}r$。在图示位置时，$AB$ 处于水平，$\varphi=45°$，滑块 D 的速度为 $\boldsymbol{v}$，水平向右，加速度等于零。试求该瞬时：(1) 曲杆 ABC 的角速度 ω_A 和角加速度 α_A；(2) 直杆 ED 的角速度 ω_{ED} 和角加速度 α_{ED}。

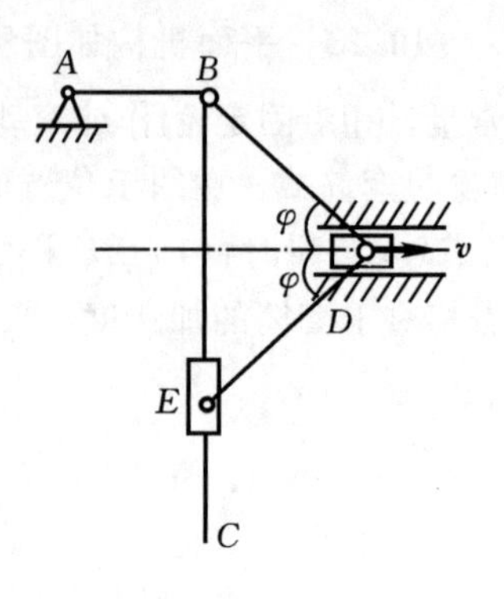

题 *10.24 图

11 刚体转动的合成

11.1 【是非题】刚体的平面运动只能分解为平动和转动。 ( )

11.2 【是非题】刚体同时绕二平行轴转动时，其合成运动一定为绕另一平行轴的转动。 ( )

11.3 【是非题】图示两个半径相同的轮子Ⅰ和Ⅱ。轮Ⅰ固定不动，轮Ⅱ由曲柄 OA 带动沿轮Ⅰ作纯滚动，则无论 OA 转速如何，轮Ⅱ均作平动。 ( )

题 11.3 图

11.4 【选择题】同时绕二平行轴转动的刚体( )。

A. 一定作平动　　B. 可能作平动

C. 不可能作平动　　D. 可能作定轴转动

11.5 【选择题】当刚体的牵连角速度 $\boldsymbol{\omega}_e$ 和相对角速度 $\boldsymbol{\omega}_r$ 满足( )时，刚体的运动情况为转动偶。

A. $\boldsymbol{\omega}_e /\!/ \boldsymbol{\omega}_r$　　B. $\boldsymbol{\omega}_e \perp \boldsymbol{\omega}_r$

C. $\boldsymbol{\omega}_e = -\boldsymbol{\omega}_r$　　D. $\boldsymbol{\omega}_e = \boldsymbol{\omega}_r$

11.6 【选择题】在图示内啮合行星轮机构中，轮Ⅰ和轮Ⅱ的节圆半径分别为 r_1 和 r_2，轮Ⅱ固定不动。曲柄 OA 以角速度 ω 逆时针转动。若取与曲柄 OA 固连的动系 Ox_1y_1，再取以销钉 A 为原点的平动坐标系 Ax_2y_2，则行星轮Ⅰ对动系 Ox_1y_1 的相对角速度为( )；对动系 Ax_2y_2 的相对角速度为( )。

A. $\dfrac{r_2-r_1}{r_1}\omega$（顺时针）　　B. $\dfrac{r_1-r_2}{r_1}\omega$（顺时针）

C. $\dfrac{r_2}{r_1}\omega$（顺时针）　　D. $\dfrac{r_1}{r_2}\omega$（顺时针）

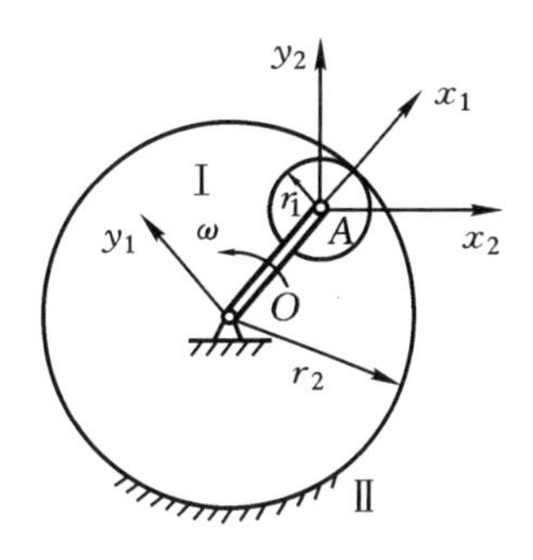

题 11.6 图

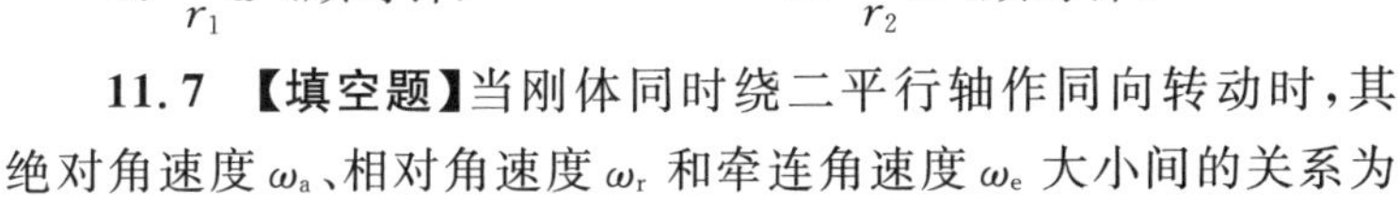

11.7 【填空题】当刚体同时绕二平行轴作同向转动时，其绝对角速度 ω_a、相对角速度 ω_r 和牵连角速度 ω_e 大小间的关系为______________，ω_a 的转向____________________________。

11.8 【填空题】当刚体同时以大小不等的角速度绕二平行轴作反向转动时，其瞬轴在原二平行轴的平面内，并在较大分角速度的________侧，瞬轴到这二轴的距离与刚体绕此二轴的____________大小成反比。

11.9 【填空题】刚体以大小相等的角速度 ω 同时绕相交并垂直的两根轴转动时，其绝对角速度大小为________。

11.10 【引导题】在图示行星轮减速器机构中，太阳轮Ⅰ绕 O_1 轴以匀角速度 ω_1 转动，带动行星轮Ⅱ沿固定内齿轮Ⅲ滚动，行星轮又带动系杆 H 转动。已知太阳轮、行星轮和固定内齿轮的节圆半径分别为 r_1、r_2、r_3。求行星轮的绝对角速度 ω_2 和系杆 H 的角速度 ω_H。

解　将动系固连于系杆 H。设 ω_2 及 ω_H 均为逆时针(在图中画出)。则 $\omega_e = \omega_H$。

根据 $\omega_a = \omega_e + \omega_r$，有

$$\omega_1 = \omega_H \text{＿＿＿＿＿＿} \omega_{r1} \quad ①$$

$$\omega_2 = \omega_H \text{＿＿＿＿＿＿} \omega_{r2} \quad ②$$

$$\omega_3 = \omega_H \text{＿＿＿＿＿＿} \omega_{r3} \quad ③$$

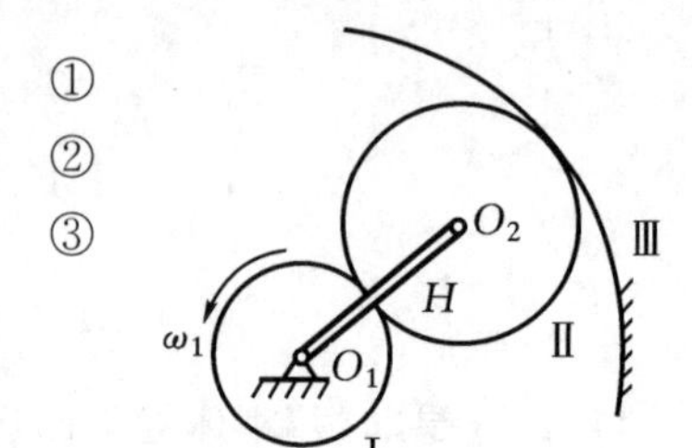

题 11.10 图

而 $\omega_3 =$＿＿＿，　$\dfrac{\omega_{r1}}{\omega_{r2}} =$＿＿＿，　$\dfrac{\omega_{r2}}{\omega_{r3}} =$＿＿＿。

于是有

$$\omega_{r3} = \text{＿＿＿＿＿＿＿} \quad ④$$

$$\omega_{r2} = \text{＿＿＿＿＿＿＿} \quad ⑤$$

$$\omega_{r1} = \text{＿＿＿＿＿＿＿} \quad ⑥$$

将式⑤、⑥代入①、②可解得

$\omega_H =$＿＿＿＿＿＿，　$\omega_2 =$＿＿＿＿＿＿。

11.11　在图示内啮合行星齿轮机构中，已知轮Ⅰ和轮Ⅱ的节圆半径分别为 r_1 和 r_2，内齿轮Ⅱ以角速度 ω_2 逆时针绕水平固定轴 O 转动，曲柄 OA 以角速度 ω_O 逆时针绕水平固定轴 O 转动，且 $\omega_2 > \omega_O$，试求行星轮Ⅰ的绝对角速度和对于曲柄 OA 的相对角速度。

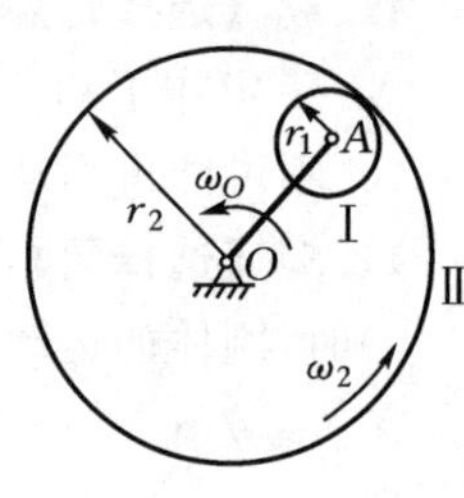

题 11.11 图

11.12 在图示差动轮系中，半径 $r_1=10$ cm 的齿轮Ⅰ以匀角速度 $\omega_1=3$ rad/s 绕 O 轴逆时针转动，半径 $r_3=20$ cm 的齿轮Ⅲ以匀角速度 $\omega_3=0.6$ rad/s 绕 O 轴顺时针转动。试求齿轮Ⅱ的角速度 ω_2，以及对于曲柄 OA 的相对角速度 ω_{r2}。

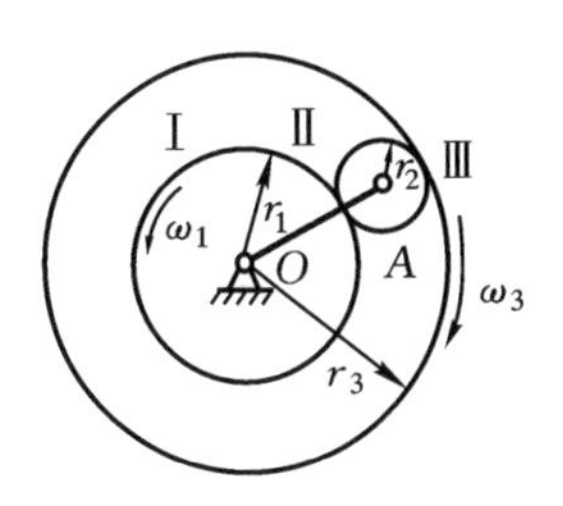

题 11.12 图

11.13 细杆 OA 以匀角速度 ω_O 绕固定链轮的 O 轴转动，另一链轮铰接在系杆的 A 端，两轮大小相等，并用链条相连(如图示)。如细杆长$\overline{OA}=l$，求动链轮 A 的角速度，以及其上任一点 M 的速度和加速度。

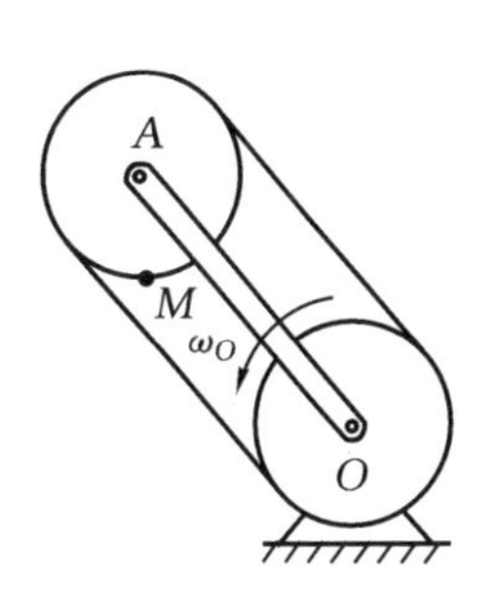

题 11.13 图

11.14　在周转轮系传动装置中，各齿轮啮合如图所示，主动轮 O 和从动轮 A 的半径都是 R，曲柄长 $\overline{OA}=3R$。设在图示瞬时主动轮具有逆时针的角速度 ω_O 和角加速度 α_O，曲柄则具有同样大小的顺时针角速度和角加速度。求从动轮 A 上垂直于曲柄的直径端点 M 的速度和加速度的大小。

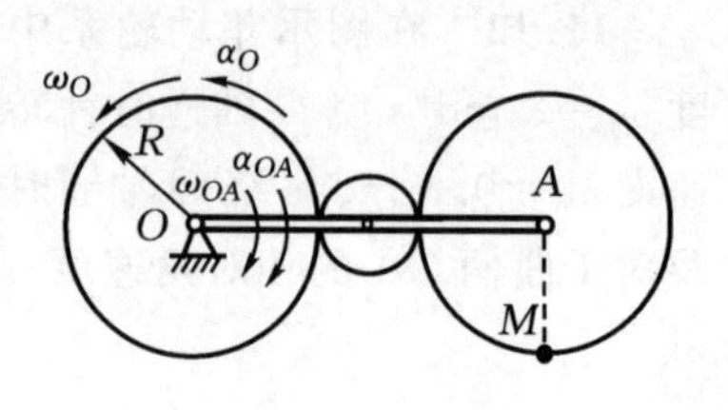

题 11.14 图

12　质点动力学

12.1　【是非题】不受力作用的质点将静止不动。　　（　　）

12.2　【是非题】质量是质点惯性的度量。质点的质量越大，惯性就越大。　　（　　）

12.3　【是非题】质点的牵连惯性力和科氏惯性力与作用在质点上的主动力和约束力一样，都与参考系的选择无关。　　（　　）

12.4　【是非题】由于地球自转的影响，自由落体的着地点在北半球偏东，在南半球偏西。　　（　　）

12.5　【选择题】如图所示，已知各质点的轨迹，则质点受力（　　）。

A. 皆可能　　B. (a)、(b)可能　　C. (b)、(c)可能　　D. (c)、(d)可能

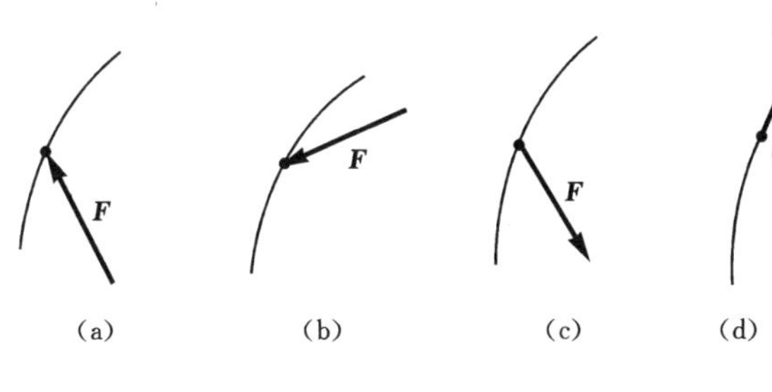

题 12.5 图

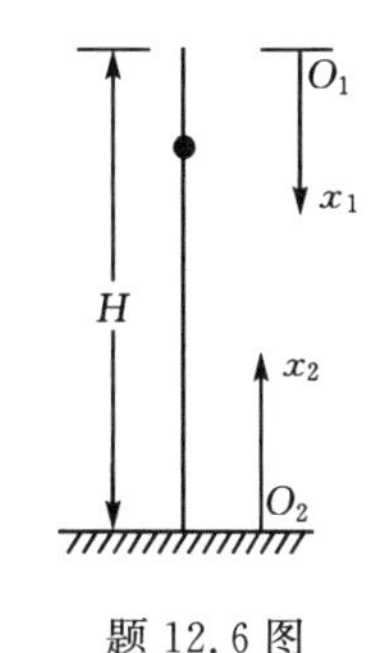

题 12.6 图

12.6　【选择题】质量为 m 的质点，自高度 H 处落下，受到阻力 $F=\mu v^2$，以图中两种坐标系（O_1x_1，O_2x_2），建立质点运动微分方程，正确的是（　　）。

A. $m\ddot{x}_1=mg-\mu\dot{x}_1^2$
　$m\ddot{x}_2=-mg+\mu\dot{x}_2^2$

B. $m\ddot{x}_1=mg+\mu\dot{x}_1^2$
　$m\ddot{x}_2=-mg-\mu\dot{x}_2^2$

C. $m\ddot{x}_1=mg+\mu\dot{x}_1^2$
　$m\ddot{x}_2=-mg+\mu\dot{x}_2^2$

D. $m\ddot{x}_1=mg+\mu\dot{x}_1^2$
　$-m\ddot{x}_2=-mg-\mu\dot{x}_2^2$

12.7　【填空题】质量为 m 的质点沿直线运动，其运动规律为 $x=b\ln(1+\frac{v_0}{b}t)$，其中 v_0 为初速度，b 为常数。则作用于质点上的力 $F=$＿＿＿＿＿＿。

12.8　【填空题】飞机以匀速 v 在铅垂平面内沿半径为 r 的大圆弧飞行。驾驶员体重为 F。则驾驶员对座椅的最大压力为＿＿＿＿＿＿。

12.9　【填空题】在北半球，列车以速度 v_r 沿纬线从西向东行驶，则科氏惯性力指向＿＿＿＿。

12.10　【填空题】在北半球，顺列车前进方向看，复线铁路的＿＿＿侧铁轨受损较重。

12.11　【引导题】半径为 R 的光滑大圆环上套有一质量为 m 的小环 M，如图所示。大圆环在水平面内绕铅垂轴 A 以匀角速度 ω 转动；若小环在 B 处时相对于大圆环的速度为 v_{r0}，求小环 M 相对于大圆环的运动微分方程，以及在任意位置时大圆环对小圆环在水平面内的约束

力大小。

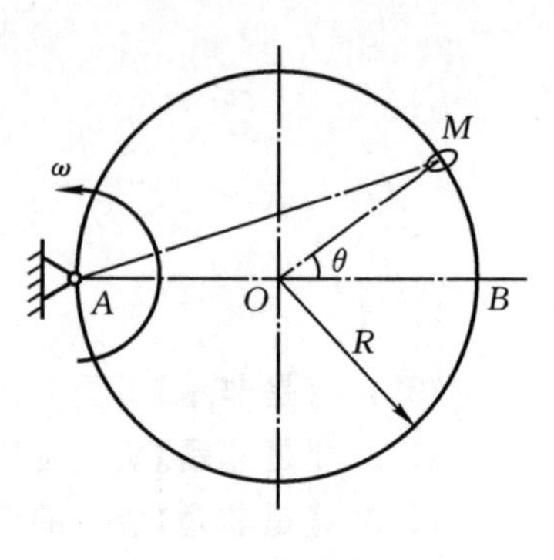

题 12.11 图

解　取小环 M 为研究对象，动系固连于大圆环。则小圆环的牵连运动为＿＿＿＿＿＿，相对运动为＿＿＿＿＿＿。

小环 M 在水平面内的受力如图所示（将小环 M 的受力画在图上）。其中，作用于小环的约束力为＿＿＿＿＿，牵连惯性力 $F_{\mathrm{Ie}}=$＿＿＿＿＿＿＿，科氏惯性力 $F_{\mathrm{IC}}=$＿＿＿＿＿＿＿。

根据质点相对运动动力学基本方程得

$$ma_{\mathrm{r}}^{\tau}=\underline{\qquad\qquad\qquad\qquad\qquad\qquad} \quad ①$$

$$ma_{\mathrm{r}}^{\mathrm{n}}=\underline{\qquad\qquad\qquad\qquad\qquad\qquad} \quad ②$$

考虑到 $a_{\mathrm{r}}^{\tau}=R\ddot{\theta}$，代入①式，整理可得小环 M 相对于大圆环的运动微分方程为

$$\underline{\qquad\qquad\qquad\qquad\qquad\qquad\qquad}$$

因为 $\ddot{\theta}=\dfrac{\mathrm{d}\dot{\theta}}{\mathrm{d}t}\cdot\dfrac{\mathrm{d}\theta}{\mathrm{d}\theta}=\dot{\theta}\dfrac{\mathrm{d}\dot{\theta}}{\mathrm{d}\theta}=\dfrac{1}{2}\dfrac{\mathrm{d}\dot{\theta}^2}{\mathrm{d}\theta}$，代入上式并分离变量，得

$$\underline{\qquad\qquad\qquad\qquad\qquad\qquad\qquad}$$

由小环 M 相对运动的初始条件：$t=0$ 时，$\theta=$＿＿＿＿＿，$\dot{\theta}=$＿＿＿＿＿，积分上式，得

$$\dot{\theta}^2=\underline{\qquad\qquad\qquad\qquad\qquad}$$

考虑到 $a_{\mathrm{r}}^{\mathrm{n}}=R\dot{\theta}^2$，代入②式，即可求得大圆环对小环 M 在水平面内的约束力大小为

$$F_{\mathrm{N}}=\underline{\qquad\qquad\qquad\qquad\qquad}$$

12.12　重物 M 重 10 N，系于 30 cm 长的细线上，线的另一端系于固定点 O。重物在水平面内作圆周运动，成一锥摆形状，且细线与铅垂线成 30°角。求重物的速度与线的张力。

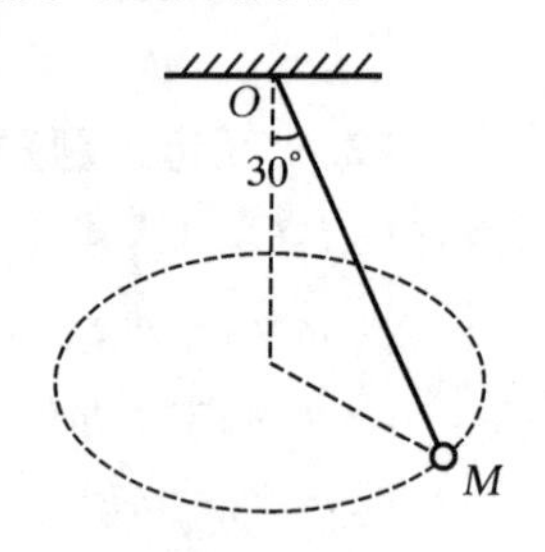

题 12.12 图

12.13　如图所示，在三棱柱 ABC 的粗糙斜面上放一质量为 m 的物块 M，三棱柱以匀加速度 $\boldsymbol{a}$ 沿水平方向运动。设摩擦因数为 f_s，且 $f_s<\tan\theta$。为使物块 M 在三棱柱上处于相对静止，试求 a 的最大值，以及这时物块 M 对三棱柱的压力。

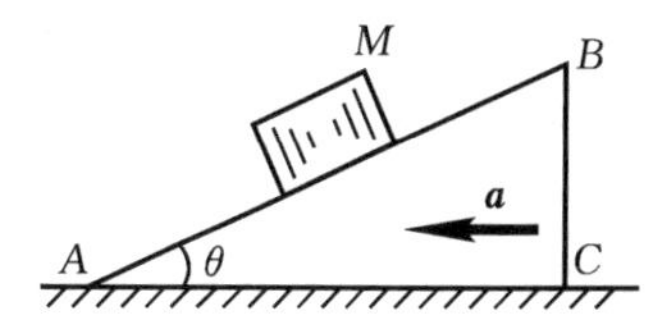

题 12.13 图

12.14　图示单摆，AB 长 l，已知悬点 A 在固定点 O 附近沿水平作谐振动：$x=\overline{OA}=a\sin\omega t$，其中 a、ω 为常数。设初瞬时摆静止于铅垂位置，求摆的相对运动微分方程。

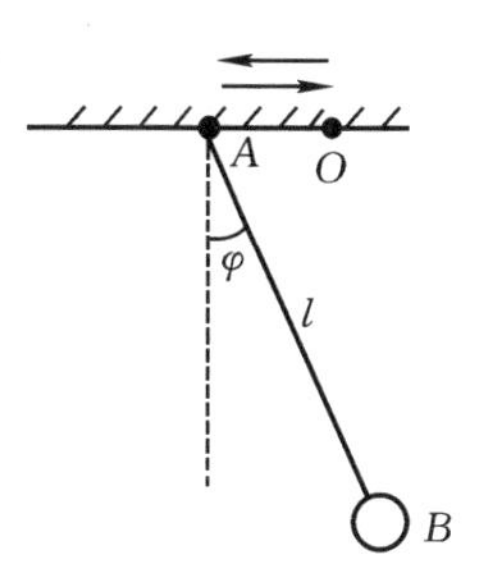

题 12.14 图

12.15　图示水平圆盘绕 O 轴转动，转动角速度 ω 为常量。在圆盘上沿某直径有一滑槽，一质量为 m 的质点 M 在光滑槽内运动。如质点在开始时离轴心 O 的距离为 a，且无初速度。求质点的相对运动方程和槽的水平约束力。

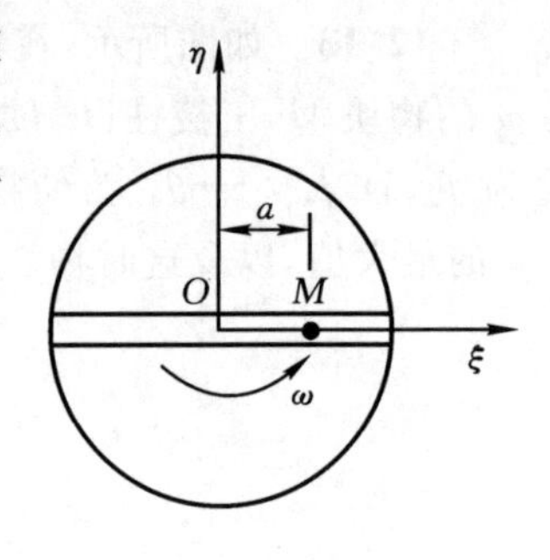

题 12.15 图

13　转动惯量

13.1　【是非题】刚体对 z 轴的回转半径等于其质心到 z 轴的距离。　(　　)

13.2　【是非题】惯性积和转动惯量具有相同的量纲，它们的大小都取决于刚体的质量、质量分布以及坐标轴的位置这三个要素，而且它们都恒为正。　(　　)

13.3　【是非题】如果刚体具有质量对称轴，则该轴是刚体在轴上任一点处的惯性主轴之一，同时也是刚体的一根中心惯性主轴。　(　　)

13.4　【是非题】如果刚体具有质量对称平面，则对称平面上任一点的惯性主轴之一与对称面相垂直，且通过刚体质心的垂线是刚体的一根中心惯性主轴。　(　　)

13.5　【选择题】在一组平行轴中，刚体对质心轴的转动惯量(　　)。

A. 最大　　B. 最小

13.6　【选择题】图示 A、O、C 三轴皆垂直于矩形板的板面。已知非均质矩形板的质量为 m，对 A 轴的转动惯量为 J，点 O 为板的形心，点 C 为板的质心。若长度 $\overline{AO}=a$，$\overline{CO}=e$，$\overline{AC}=l$，则板对形心轴 O 的转动惯量为(　　)。

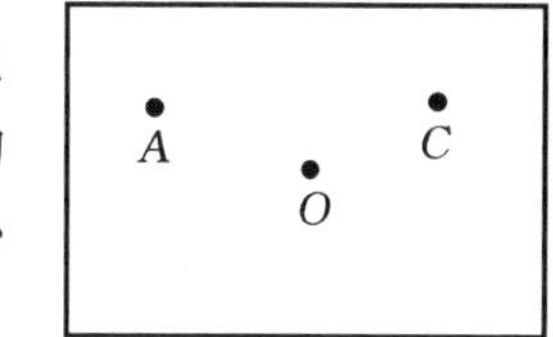

题 13.6 图

A. $J-ma^2$　　B. $J+ma^2$

C. $J-m(l^2-e^2)$　　D. $J-m(l^2+e^2)$

13.7　【选择题】图示均质圆环形盘的质量为 m，内、外直径分别为 d 和 D。则此盘对垂直于盘面的中心轴 O 的转动惯量为(　　)。

A. $\frac{1}{8}md^2$　　B. $\frac{1}{8}mD^2$

C. $\frac{1}{8}m(D^2-d^2)$　　D. $\frac{1}{8}m(D^2+d^2)$

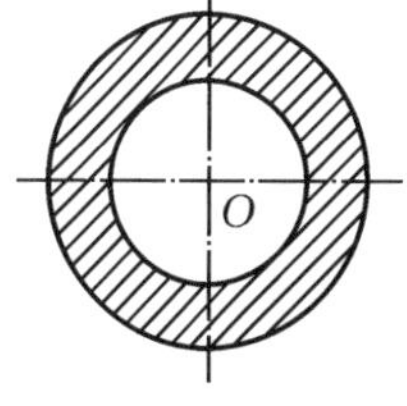

题 13.7 图

13.8　【填空题】适当地选择坐标系 $Oxyz$ 的方位，使两个惯性积 $J_{yz}=J_{zx}=0$，则轴 z 为刚体在点 O 处的一根________轴。刚体对惯性主轴的转动惯量称为________转动惯量。若惯性主轴通过刚体的质心，则此轴又称为________惯性主轴。刚体对中心惯性主轴的转动惯量称为________转动惯量。

13.9　【填空题】对应于刚体的每一点都至少有________根互相垂直的惯性主轴。

13.10　已知均质杆 AB 长为 l，质量为 m，垂直于杆的两平行轴 z_1 和 z_2 间的距离 $d=\frac{3}{4}l$，轴 z_1 通过杆端 A。求杆 AB 对轴 z_2 的转动惯量。

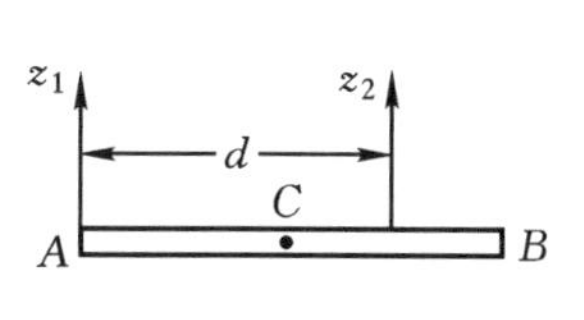

题 13.10 图

13.11　均质圆盘上有一个偏心圆孔，试求该圆盘对轴 z 的转动惯量。圆盘的材料密度 $\rho=7\ 850\ \mathrm{kg/m^3}$，图中的长度单位为 mm。

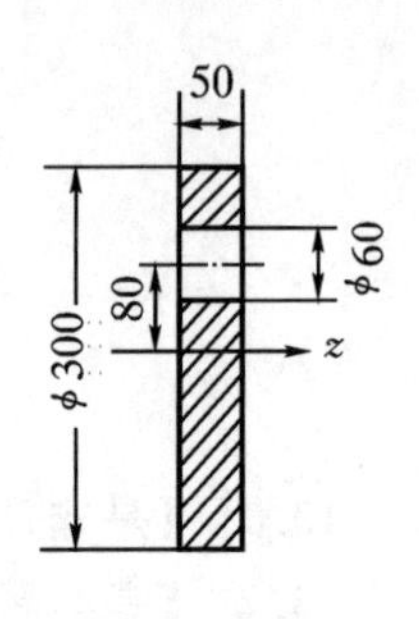

题 13.11 图

13.12　冲击摆可近似地视为由均质细杆 OA 和均质圆盘固连而成。已知杆的质量为 m_1，长为 l；圆盘的质量为 m_2，半径为 r。求摆对通过杆端 O 并与盘面垂直的轴 z 的转动惯量。

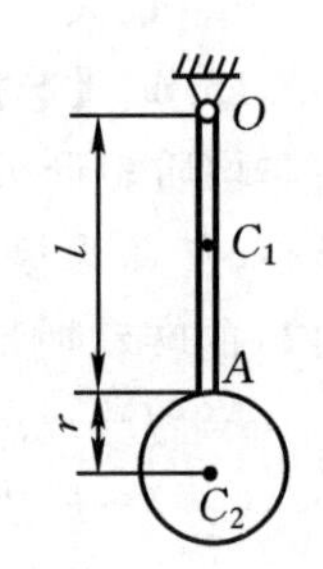

题 13.12 图

13.13　均质直杆长为 l，质量为 m，杆与 x 轴成 θ 角（如图所示）。求杆对 x 轴和 y 轴的惯性积。

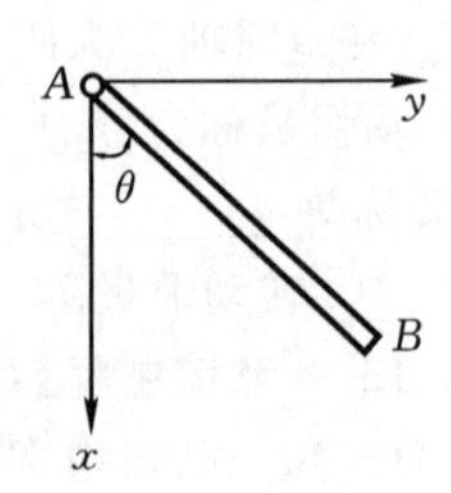

题 13.13 图

14 动量定理

14.1 【是非题】质点系内各质点动量的矢量和，即质点系的动量系的主矢，称为质点系的动量。 ( )

14.2 【是非题】质点系的质量与其质心速度的乘积等于质点系的动量。 ( )

14.3 【是非题】质点系的质量与其质心加速度的乘积等于质点系外力系的主矢。 ( )

14.4 【是非题】质点系动量守恒和质心运动守恒的条件是：质点系外力系的主矢恒等于零；质点系在某坐标轴方向动量守恒和质心运动守恒的条件是：质点系外力系的主矢在该轴上的投影恒等于零。 ( )

14.5 【是非题】质点系的质心位置守恒的条件是质点系外力系的主矢恒等于零，且质心的初速度也等于零。 ( )

14.6 【选择题】动量定理适用于( )。

A. 惯性坐标系

B. 与地球固连的坐标系

C. 相对于地球作匀速转动的坐标系

D. 相对于地球作匀速直线平动的坐标系

14.7 【选择题】质点系动量守恒的条件是( )。

A. 作用于质点系所有外力的主矢恒等于零

B. 作用于质点系所有内力的主矢恒等于零

C. 作用于质点系所有约束力的主矢恒等于零

D. 作用于质点系所有主动力的主矢恒等于零

14.8 【选择题】两个完全相同的圆盘，放在光滑水平面上，如图所示。在两个圆盘的不同位置上，分别作用着两个大小和方向相同的力 $\boldsymbol{F}$ 和 $\boldsymbol{F}'$。设两圆盘从静止开始运动。某瞬时两圆盘动量 p_A 和 p_B 的关系是( )。

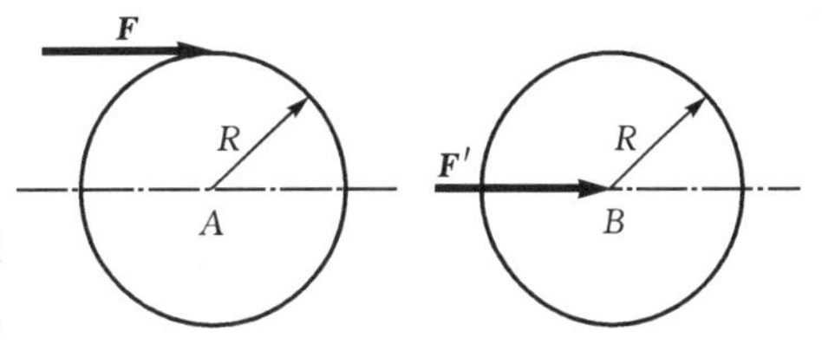

题 14.8 图

A. $p_A < p_B$ B. $p_A > p_B$ C. $p_A = p_B$ D. 不能确定

14.9 【选择题】质点系的动量对时间的一阶导数等于( )。

A. 质点系所有外力的合力 B. 质点系所有外力的主矢

C. 质点系所有主动力的合力 D. 质点系所有主动力的主矢

14.10 【选择题】图示平面四连杆机构中，曲柄 O_1A、O_2B 和连杆 AB 皆可视为质量为 m、长为 $2r$ 的均质细杆。图示瞬时，曲柄 O_1A 逆时针转动的角速度为 ω，则该瞬时此系统的动量为( )。

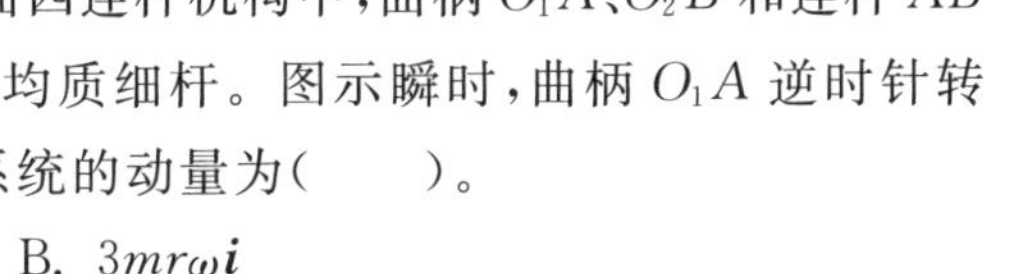

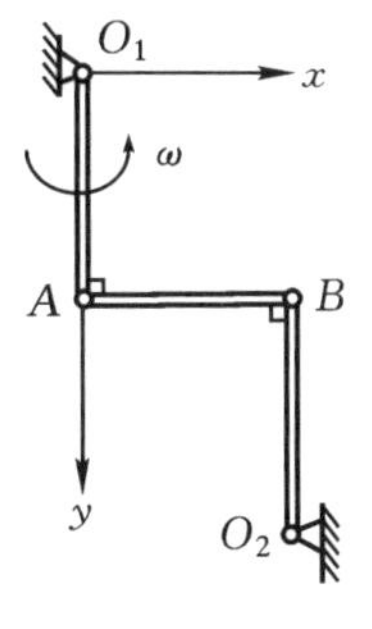

题 14.10 图

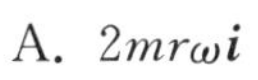

A. $2mr\omega\boldsymbol{i}$ B. $3mr\omega\boldsymbol{i}$

C. $4mr\omega\boldsymbol{i}$ D. $6mr\omega\boldsymbol{i}$

14.11 【选择题】图示平面机构中，物块 A 的质量为 m_1，可沿水平直线轨道滑动。均质杆 AB 的质量为 m_2，长为 $2l$，其 A 端与物块铰接，B 端固连一质量为 m_3 的重质点。图示瞬时，物块的速度为 $\boldsymbol{v}$，杆的角速度为 ω，则此平面机构在该瞬时的动量为（　　）。

A. $(m_1+m_2+m_3)v\boldsymbol{i}$

B. $[m_1v-(m_2+2m_3)l\omega\cos\theta]\boldsymbol{i}-(m_2+2m_3)l\omega\sin\theta\boldsymbol{j}$

C. $[m_1v-(m_2+2m_3)l\omega\cos\theta]\boldsymbol{i}+(m_2+2m_3)l\omega\sin\theta\boldsymbol{j}$

D. $[(m_1+m_2+2m_3)v-(m_2+2m_3)l\omega\cos\theta]\boldsymbol{i}-(m_2+2m_3)l\omega\sin\theta\boldsymbol{j}$

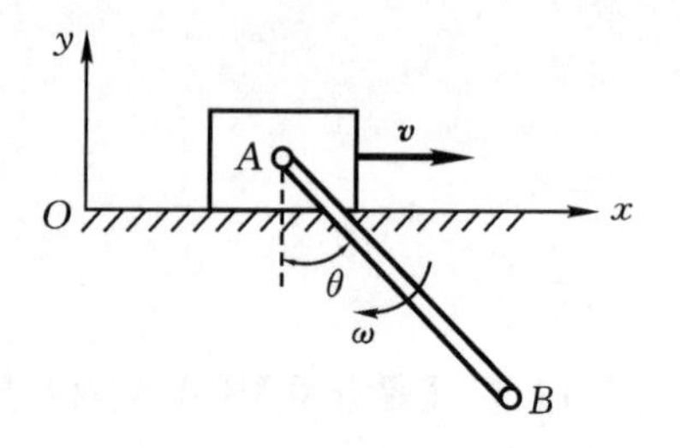

题 14.11 图

14.12 【填空题】质点系的＿＿＿＿力不影响质心的运动，只有＿＿＿＿力才能改变质心的运动。

14.13 【填空题】胶带传动机构如图所示。主动轮 O_1 和从动轮 O_2 的半径分别为 r_1 和 r_2，质量分别为 m_1 和 m_2，各自绕其中心轴转动，可分别视为均质圆盘；均质胶带的质量为 m_3，总长为 l。若主动轮 O_1 以匀角速度 ω_1 转动，则此系统的动量等于＿＿＿＿。

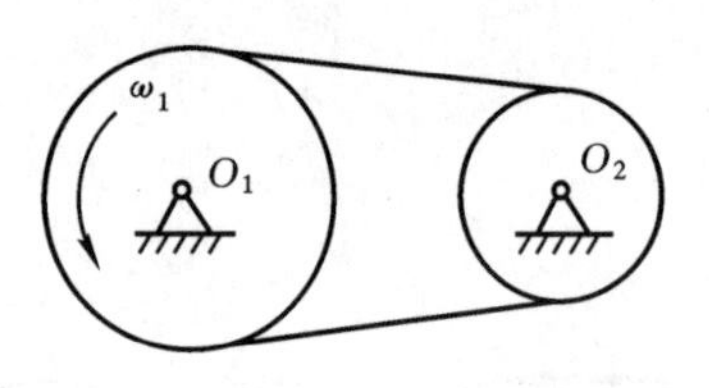

题 14.13 图

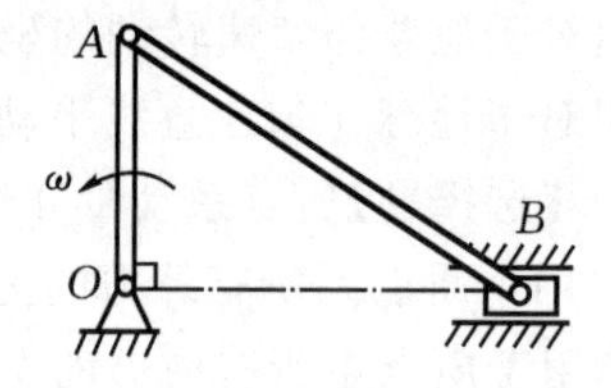

题 14.14 图

14.14 【填空题】图示曲柄连杆机构中，曲柄和连杆皆可视为均质杆。其中曲柄的质量为 m_1、长为 r，连杆的质量为 m_2、长为 l，滑块的质量为 m_3。图示瞬时，曲柄逆时针转动的角速度为 ω，则机构在该瞬时的动量等于＿＿＿＿＿＿。

14.15 【引导题】质量为 m_1 的棱柱Ⅰ，其顶部铰接一质量为 m_2，边长分别为 a 和 b 的棱柱Ⅱ，如图(a)所示。不计各接触处的摩擦。若作用在棱柱Ⅱ上的转矩 M 使其绕铰轴 B 转动 90°（由图示的实线位置转至虚线位置），试求棱柱Ⅰ移动的距离。设系统初始静止。

解　取棱柱Ⅰ、Ⅱ构成的系统为研究对象，受力如图(b)所示（将系统的受力画在图(b)上）。因为系统的受力在水平轴上的投影 $\sum F_x\equiv$＿＿＿＿＿＿，且系统初始静止，所以，系统质心的水平坐标 x_C 守恒。

设系统在初始位置时，棱柱Ⅰ、Ⅱ质心的水平坐标分别为 x_1、x_2，则

$$x_C=\underline{\qquad\qquad\qquad\qquad}\quad ①$$

再设棱柱Ⅱ转过 90° 时，棱柱Ⅰ移动的距离为 Δx，则此时棱柱Ⅰ和Ⅱ质心的水平坐标分别为＿＿＿＿＿和＿＿＿＿＿＿，系统质心的水平坐标为

$$x_C=\underline{\qquad\qquad\qquad\qquad}\quad ②$$

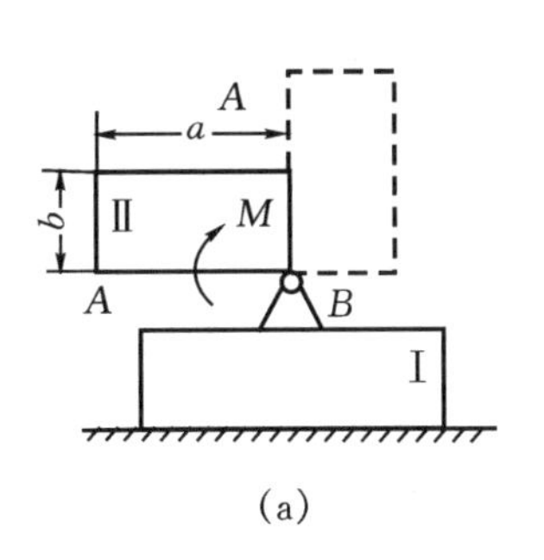

(a)

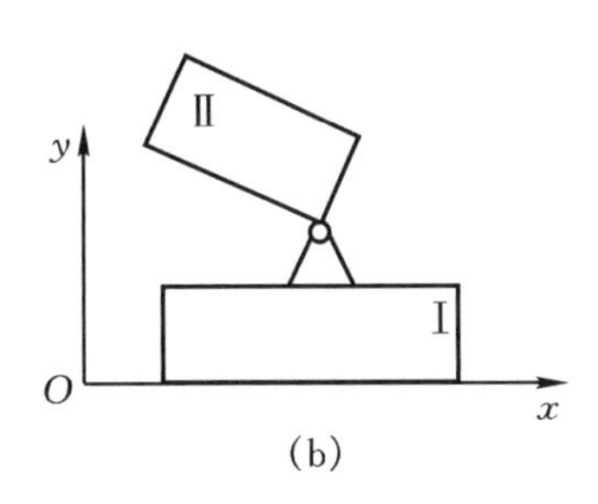

(b)

题 14.15 图

由①和②式可得

____

解之,得

$\Delta x=$______________________________

14.16 卡车-拖车沿水平直线路面从静止开始加速运动,在 20 s 末,速度达到 40 km/h。已知卡车、拖车的质量分别为 5 t、15 t,卡车和拖车的从动轮的摩擦力分别为 0.5 kN、1.0 kN。试求卡车主动轮(后轮)产生的平均牵引力及卡车作用于拖车的平均拉力。

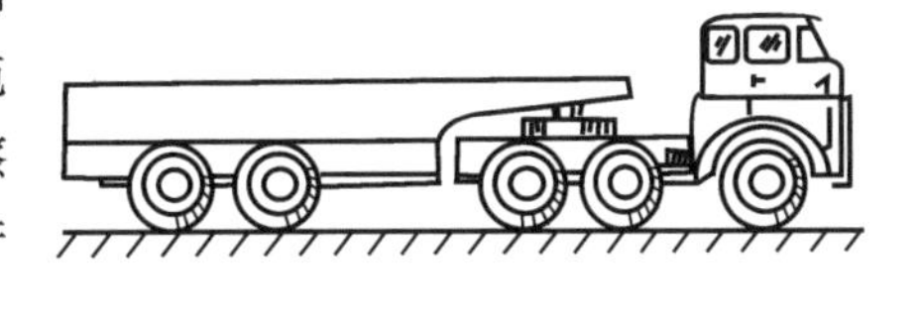

题 14.16 图

14.17　图示为一直径 $d=30$ cm 的水管管道，有一个 $135°$ 的弯头，水的流量 $Q=0.57\ \mathrm{m^3/s}$。求水流对弯头的附加动约束力。

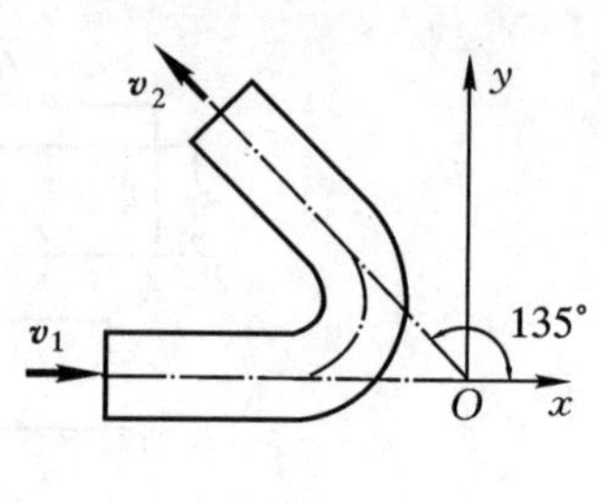

题 14.17 图

14.18　均质杆 AG 与 BG 由相同材料制成，在 G 点铰接，二杆位于同一铅垂面内，如图所示。$\overline{AG}=250$ mm，$\overline{BG}=400$ mm。水平面光滑。若 $\overline{GG_1}=240$ mm 时，系统由静止释放，求当 A、B、G 在同一直线上时，A、B 二端点各自移动的距离为多少？

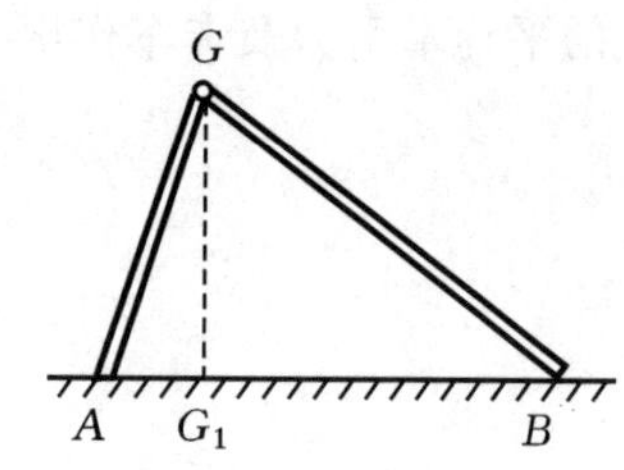

题 14.18 图

14.19　如图所示，重 $\boldsymbol{F}_1$ 的电动机，在转动轴上装一重 $\boldsymbol{F}_2$ 的偏心轮，偏心距离为 e。电动机以匀角速度 ω 转动。

(1) 设电动机的外壳用螺杆固定在基础上，求作用于螺杆上的最大水平剪力。

(2) 如不用螺杆固定，问转速多大时，电动机会跳离地面？

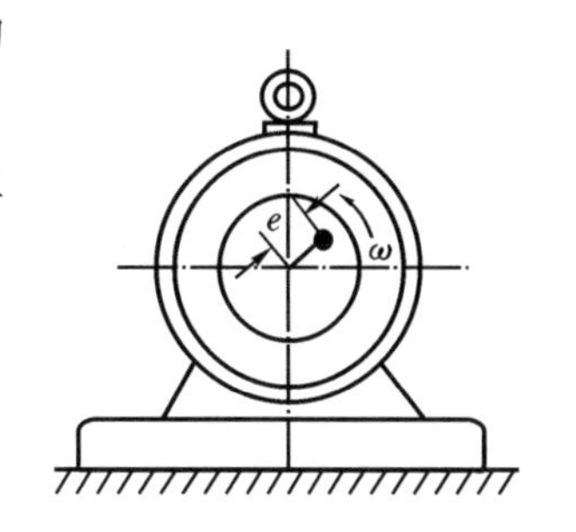

题 14.19 图

*14.20　砂子从不动的漏斗中落入运动的货车车厢内，如图所示。每秒钟落入车厢内的砂子重量为 q。不计车厢与轨道间的摩擦，试求欲使车厢以速度 $\boldsymbol{v}$ 匀速运动，车厢上需加多大的水平外力 $\boldsymbol{F}$。

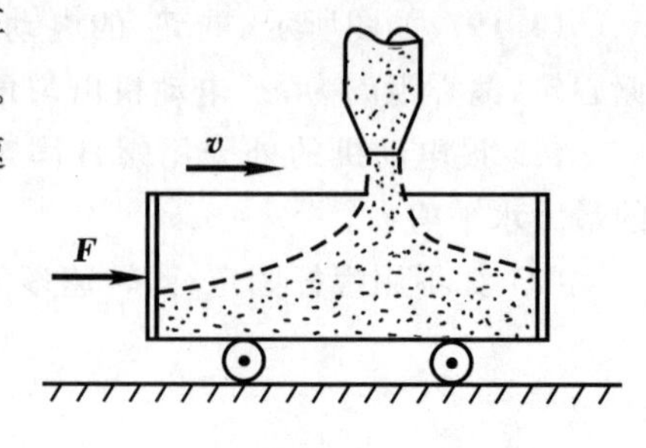

题*14.20图

15 动量矩定理

15.1 【是非题】刚体对某轴的回转半径等于其质心到该轴的距离。 ( )

15.2 【是非题】质点系对质心的相对运动动量矩等于其绝对运动动量矩。 ( )

15.3 【是非题】两个完全相同的圆盘，在光滑水平面上等速反向平动。当两圆盘相切时，由于摩擦，使两圆盘产生同向转动(如图所示)，此时系统的动量矩不变。 ( )

15.4 【是非题】如果作用于质点系上的所有外力对固定点 O 的主矩不为零，那么，质点系的动量矩一定不守恒。 ( )

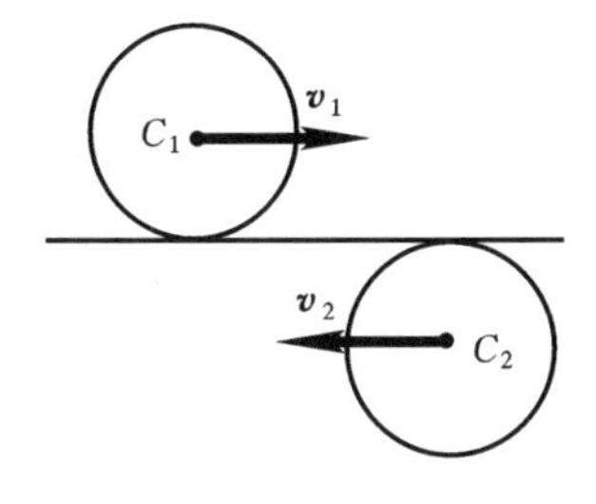

题 15.3 图

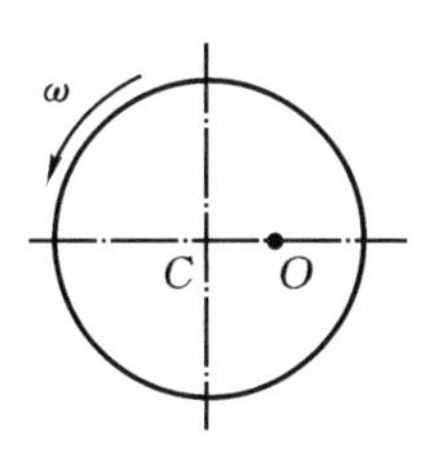

题 15.5 图

15.5 【选择题】均质圆盘重为 F，半径为 r，圆心为 C，绕偏心轴以角速度 ω 转动，偏心距 $\overline{OC}=e$，则圆盘对固定轴 O 的动量矩为( )。

A. $\dfrac{F}{2g}(r+e)^2\omega$　　B. $\dfrac{F}{2g}(r^2+2e^2)\omega$

C. $\dfrac{F}{2g}(r^2+e^2)\omega$　　D. $\dfrac{F}{2g}(r^2+2e^2)\omega^2$

15.6 【选择题】图示三个均质定滑轮的质量和半径皆相同。不计绳的质量和轴承的摩擦，则图( )所示定滑轮的角加速度最大；图( )所示定滑轮的角加速度最小。

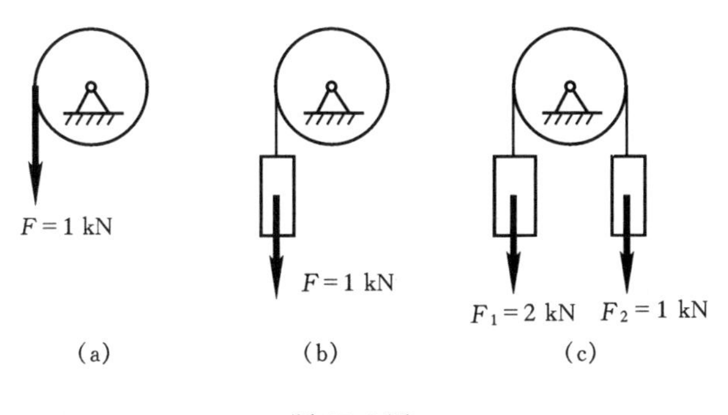

题 15.6 图

15.7 【填空题】图(a)所示均质圆盘沿水平地面作直线平动，图(b)所示均质圆盘沿水平直线作纯滚动。设两盘质量皆为 m，半径皆为 r，轮心 C 的速度皆为 $\boldsymbol{v}$，则图示瞬时，它们各自

对轮心 C 和对与地面接触点 D 的动量矩分别为

(1) 图(a)：$L_C=$＿＿＿＿＿＿＿＿＿＿＿＿，

$L_D=$＿＿＿＿＿＿＿＿＿＿＿＿。

(2) 图(b)：$L_C=$＿＿＿＿＿＿＿＿＿＿＿＿，

$L_D=$＿＿＿＿＿＿＿＿＿＿＿＿。

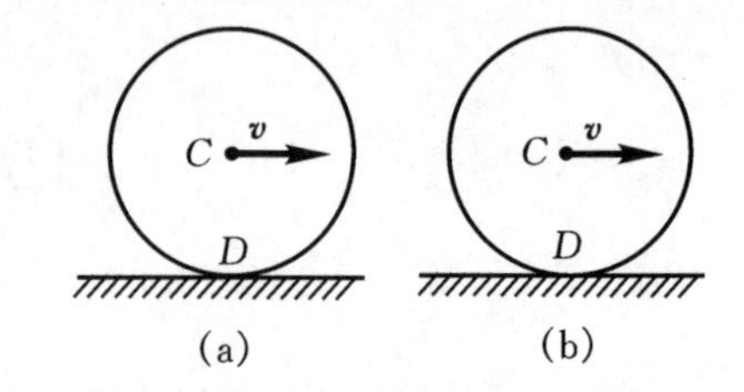

题 15.7 图

15.8 【**填空题**】动量矩定理 $\frac{\mathrm{d}\boldsymbol{L}_O}{\mathrm{d}t}=\boldsymbol{M}_O^{(e)}$ 成立的条件是＿＿＿＿＿＿＿＿＿＿＿＿。

15.9 图示均质圆盘半径为 R，质量为 m；细杆长为 l，绕 O 轴转动的角速度为 ω，杆重不计。求下列三种情况下圆盘对固定轴 O 的动量矩：(1) 圆盘固定于杆上；(2) 圆盘绕 A 轴转动，相对于杆 OA 的角速度也为 ω；(3) 圆盘绕 A 轴转动，相对于杆 OA 的角速度为 $-\omega$。

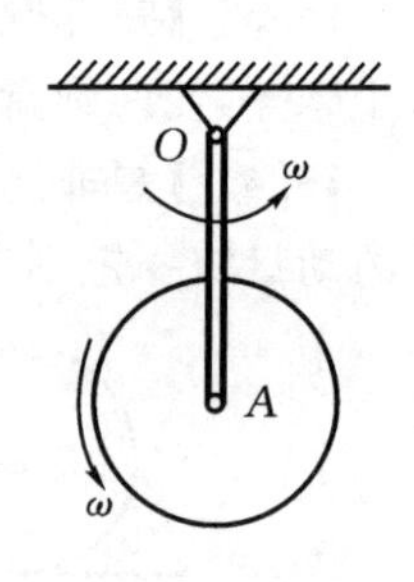

题 15.9 图

15.10 阿特武德机的滑轮质量为 M，半径为 r，可视为均质圆盘。两重物系于绳的两端，质量分别为 m_1 与 m_2，试求重物的加速度。

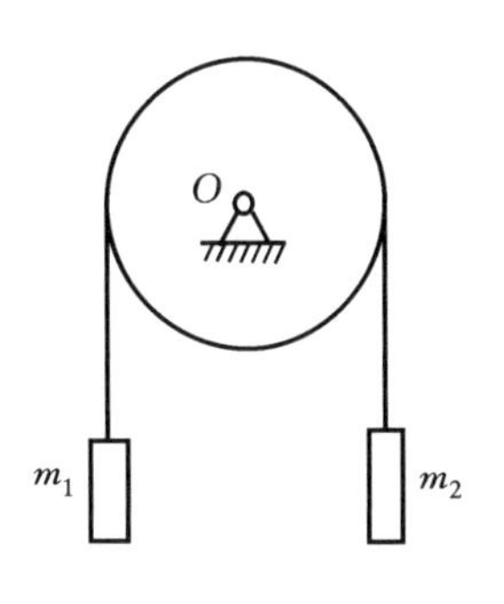

题 15.10 图

15.11 图示半径为 R、质量为 m_1 的均质圆盘，可绕通过其中心的铅垂轴无摩擦地转动；另一质量为 m_2 的人按规律 $s=\frac{1}{2}at^2$ 沿距 O 轴半径为 r 的圆周行走。开始时，圆盘和人静止，不计轴的摩擦，求圆盘的角速度和角加速度。

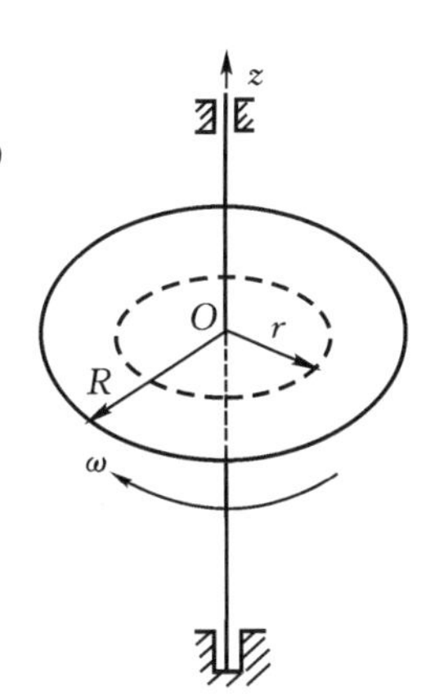

题 15.11 图

*15.12　传动轴由电机带动。电机和传动装置用胶带相连，如图所示。在电机轴Ⅰ上作用有一转矩 M，电机轴和安装于其上的滑轮的转动惯量为 J_1，电机上滑轮的半径为 r_1；传动轴Ⅱ和安装于其上的滑轮的转动惯量为 J_2，传动轴上滑轮的半径为 r_2；胶带的质量为 m，轴承的摩擦忽略不计。试求电机轴的角加速度。

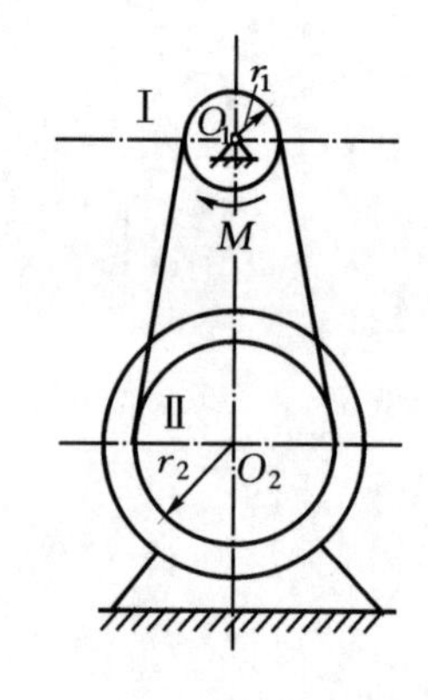

题 * 15.12 图

16 刚体平面运动微分方程

16.1 【是非题】若平面运动刚体所受外力系的主矢为零，则刚体只能绕质心轴转动。 ( )

16.2 【是非题】若平面运动刚体所受外力系对质心的主矩为零，则刚体只能平动。 ( )

16.3 【是非题】圆盘沿固定轨道作纯滚动时，轨道对圆盘一定作用有静摩擦力。 ( )

16.4 【选择题】均质长方形板由 A、B 两处的滑动轮支撑在光滑水平面上。板初始处于静止状态。若突然撤去 B 端的支撑轮，则此瞬时( )。

A. A 点有水平向左的加速度

B. A 点有水平向右的加速度

C. A 点加速度方向垂直向上

D. A 点加速度为零

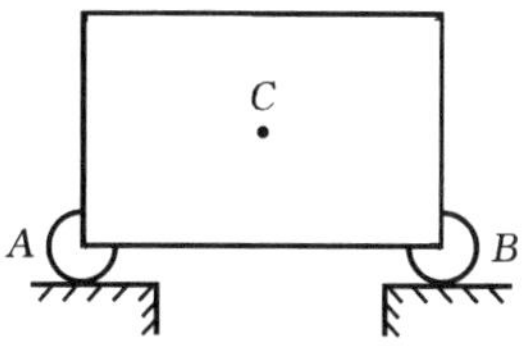

题 16.4 图

16.5 【选择题】如图所示，水平均质杆 OA 重为 $\boldsymbol{F}$，细绳 AB 未剪断前 O 点的约束力为 $F/2$。现将绳剪断，则在剪断 AB 绳的瞬时( )。

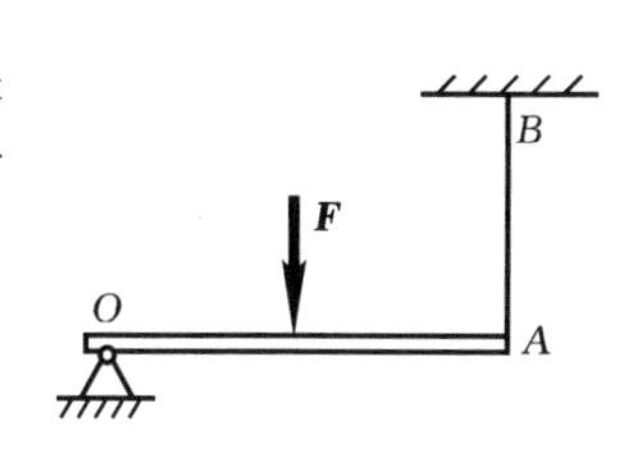

题 16.5 图

A. O 点约束力仍为 $F/2$

B. O 点约束力小于 $F/2$

C. O 点约束力大于 $F/2$

D. O 点约束力为零

16.6 【填空题】如图所示，轮Ⅱ由系杆 O_1O_2 带动在固定轮Ⅰ上无滑动滚动，两轮半径分别为 R_1、R_2，轮Ⅱ的质量为 m，系杆的角速度为 ω，则轮Ⅱ对固定轴 O_1 的动量矩为______________________________________。

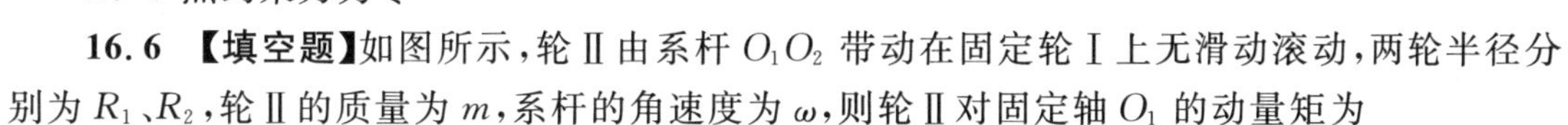

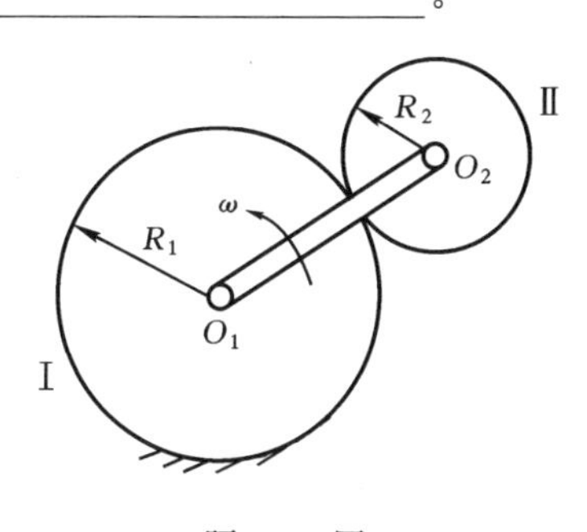

题 16.6 图

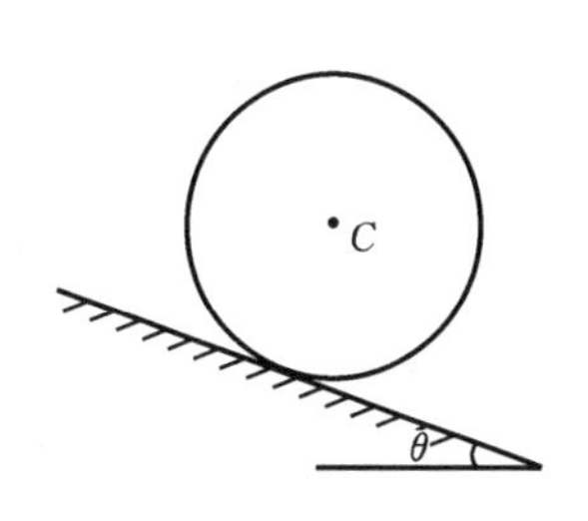

题 16.7 图

16.7 均质圆盘的质量为 m，半径为 r，置于倾角为 θ 的斜面上，若圆盘与斜面间的摩擦因数为 f_s，求圆盘质心 C 的加速度。

16.8　均质杆 AB 长为 l，质量为 m，用两根细绳悬挂于图示水平位置。设绳与杆的夹角为 θ，且 $\overline{OA}=\overline{OB}$，求当细绳 OB 被突然剪断时 OA 绳的拉力。

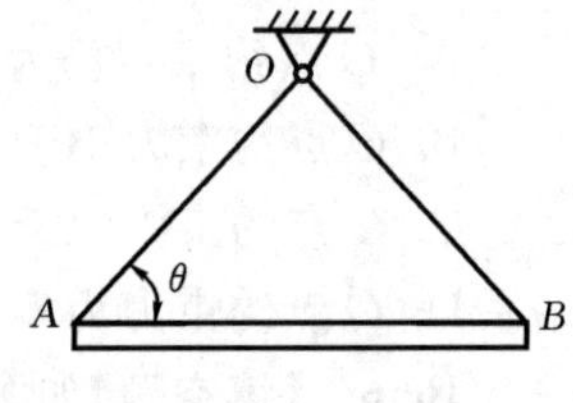

题 16.8 图

16.9　均质圆柱体的半径为 r，与水平面间的滑动摩擦因数为 f。初瞬时圆柱体的角速度为 ω_0，质心 C 的速度为 v_0，且 $v_0 > r\omega_0$。试问经过多少时间，圆柱体才能只滚不滑地向前运动，并求该瞬时圆柱体质心 C 的速度。

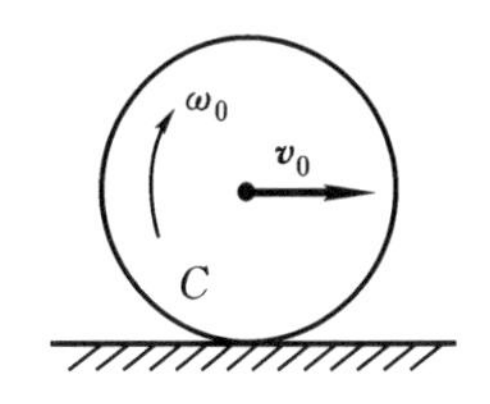

题 16.9 图

16.10　半径为 r 的均质圆柱体放在倾角为 θ 的斜面上，缠绕在圆柱体上的细绳一端固定于 A 点，如图所示。若圆柱体与斜面间的摩擦因数为 f，求圆柱体质心 C 的加速度。

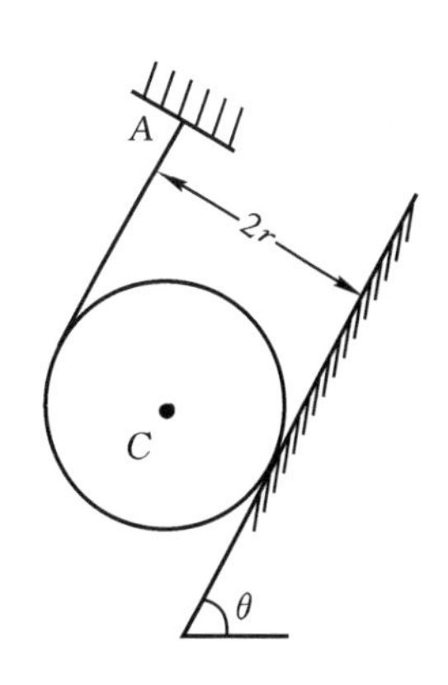

题 16.10 图

***16.11**　质量为 m_2、长为 l 的均质杆 AB，其一端铰接于半径为 R、质量为 m_1 的均质圆轮的中心 A。圆轮在水平面上作纯滚动。试建立系统的运动微分方程。

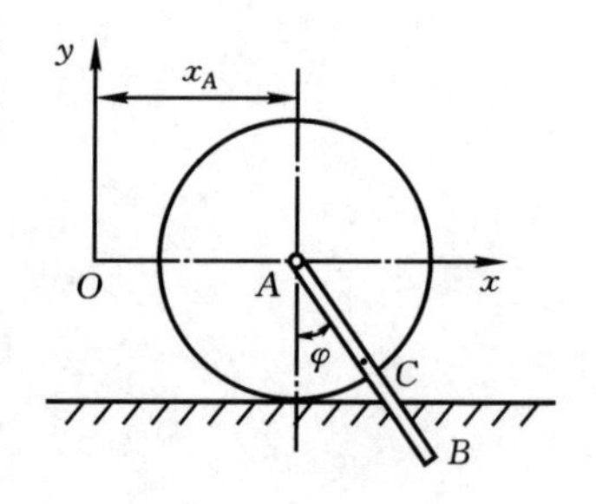

题 *16.11 图

17　动能定理

17.1　【是非题】作用在质点上合力的功等于各分力的功的代数和。　(　　)

17.2　【是非题】忽略机械能与其他能量间的转换，则只要有力对物体作功，该物体的动能就一定会增加。　(　　)

17.3　【是非题】平面运动刚体的动能可由其质量及质心速度完全确定。　(　　)

17.4　【是非题】内力不能改变质点系的动能。　(　　)

17.5　【填空题】D 环的质量为 m，$\overline{OA}=r$，图示瞬时直角拐杆角速度为 ω，则该瞬时环的动能 $T=$____________________。

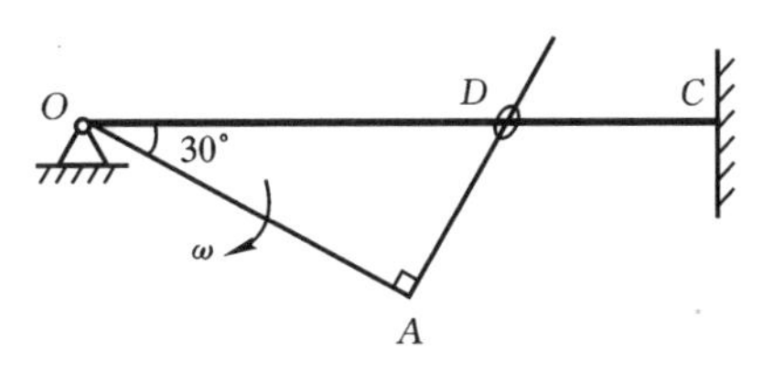

题 17.5 图

17.6　【填空题】如图所示，轮Ⅱ由系杆 O_1O_2 带动在固定轮Ⅰ上无滑动滚动，两轮半径分别为 R_1、R_2。若轮Ⅱ的质量为 m，系杆的角速度为 ω，则轮Ⅱ的动能

$T=$____________________。

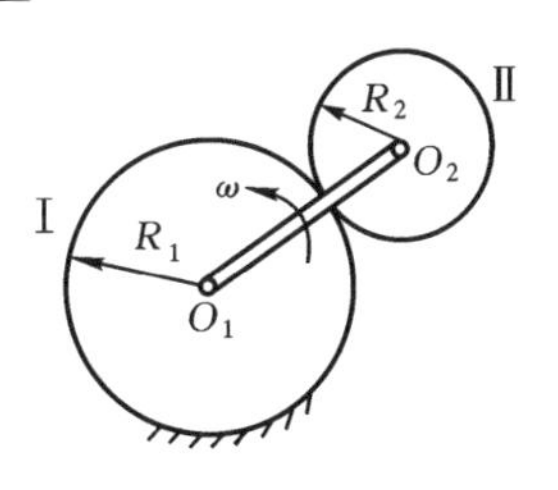

题 17.6 图

17.7　【填空题】均质圆盘的质量为 m，半径为 r。

(a) 若盘绕盘缘上的轴 A 转动时，其动能 $T=$____________________；

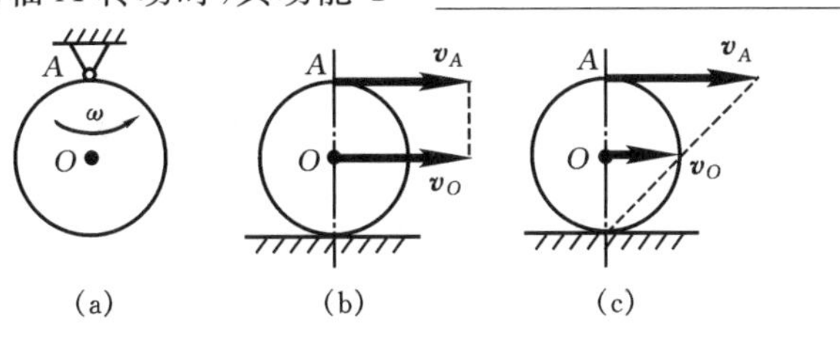

题 17.7 图

(b) 若盘在光滑水平面上平动时，其动能 $T=$＿＿＿＿＿＿＿＿＿＿＿＿＿＿＿＿；

(c) 若盘在水平面上作纯滚动时，其动能 $T=$＿＿＿＿＿＿＿＿＿＿＿＿＿＿＿＿。

17.8 【选择题】图示均质圆盘沿水平直线轨道作纯滚动，在盘心移动了距离 s 的过程中，水平常力 $\boldsymbol{F}_{\mathrm{T}}$ 的功 $A_{\mathrm{T}}=$(　　)；轨道给圆轮的摩擦力 $\boldsymbol{F}_{\mathrm{f}}$ 的功 $A_{\mathrm{f}}=$(　　)。

A. $F_{\mathrm{T}}s$

B. $2F_{\mathrm{T}}s$

C. $-F_{\mathrm{f}}s$

D. $-2F_{\mathrm{f}}s$

E. 0

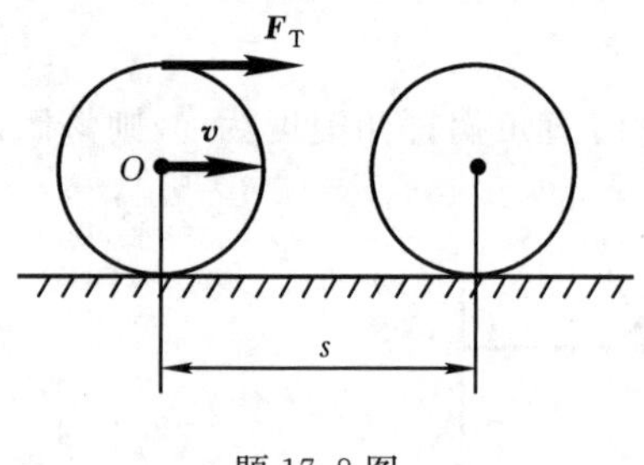

题 17.8 图

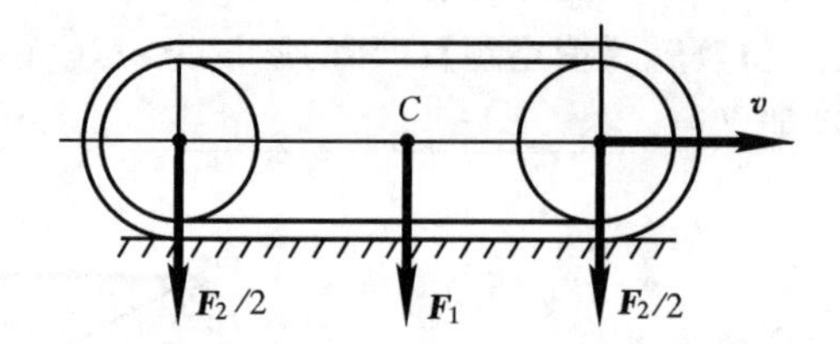

题 17.9 图

17.9 【选择题】图示坦克履带重 F_1，两轮合重 F_2，车轮看成半径为 R 的均质圆盘，两轴间的距离为 $2\pi R$。设坦克的前进速度为 $\boldsymbol{v}$，此系统动能为(　　)。

A. $T=\dfrac{3F_2}{4g}v^2+\dfrac{1}{2}\dfrac{F_1}{g}\pi Rv^2$

B. $T=\dfrac{F_2}{4g}v^2+\dfrac{F_1}{g}v^2$

C. $T=\dfrac{3F_2}{4g}v^2+\dfrac{1}{2}\dfrac{F_1}{g}v^2$

D. $T=\dfrac{3F_2}{4g}v^2+\dfrac{F_1}{g}v^2$

17.10 【选择题】图示二均质圆盘 A 和 B，它们的质量相等，半径相同，各置于光滑水平面上，分别受到 $\boldsymbol{F}$ 和 $\boldsymbol{F}'$ 的作用，由静止开始运动。若 $\boldsymbol{F}=\boldsymbol{F}'$，则在运动开始以后到相同的任一瞬时，二圆盘动能 T_A 和 T_B 的关系为(　　)。

A. $T_A=T_B$

B. $T_A=2T_B$

C. $T_B=2T_A$

D. $T_B=3T_A$

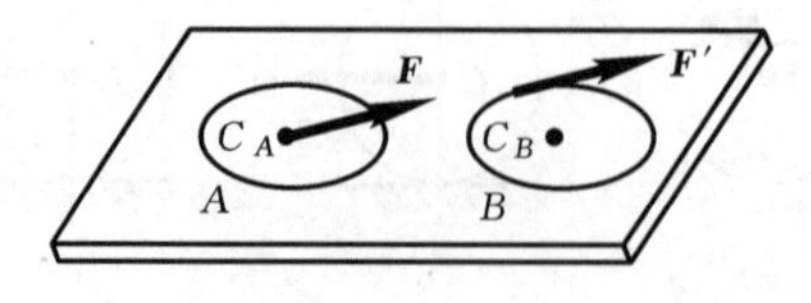

题 17.10 图

17.11 已知均质杆AB长为l，质量为m_1；均质圆柱的质量为m_2，半径为R，自图示$\theta=45°$位置由静止开始沿水平面作纯滚动。若墙面光滑，求杆端A在开始释放瞬时的加速度。

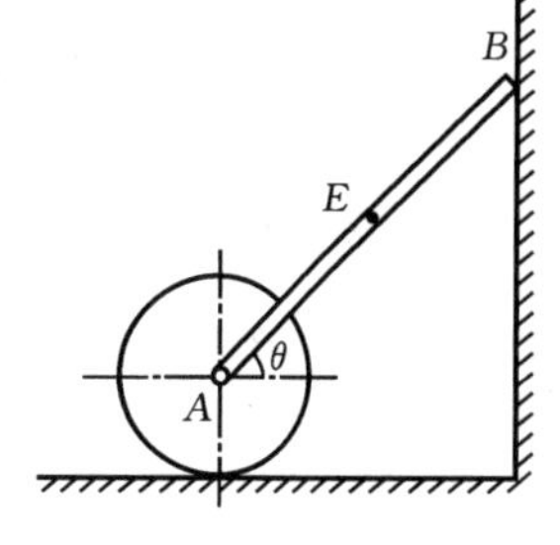

题17.11图

17.12 质量为 m、半径为 r 的均质圆柱体，在半径为 R 的固定大圆槽内作纯滚动，如图所示。圆心 C 与固定点 O 分别用铰链连接于轻质刚性杆的两端。在杆端 O 处还安装有刚度系数为 k 的扭转弹簧。当杆处于铅垂位置时，扭簧没有变形。如不计滚动摩阻，试写出系统的运动微分方程，并确定圆柱体绕平衡位置作微幅振动的周期。

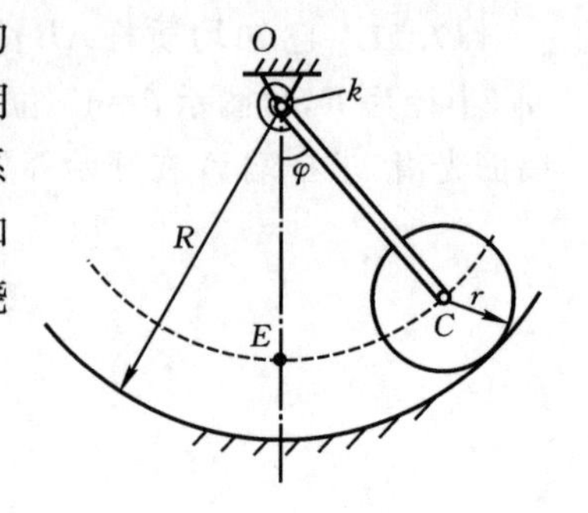

题 17.12 图

18 动力学普遍定理的综合应用

18.1 【**是非题**】动力学普遍定理包括:动量定理、动量矩定理、动能定理以及由这三个基本定理推导出来的其他一些定理,如质心运动定理等。 ( )

18.2 【**是非题**】质点系的内力不能改变质点系的动量和动量矩,也不能改变质点系的动能。 ( )

18.3 【**引导题**】图示三棱柱体 ABC 的质量为 M,放在光滑的水平面上。质量为 m、半径为 r 的均质圆柱体沿 CB 斜面作纯滚动。若斜面倾角为 φ,求三棱柱体的加速度。

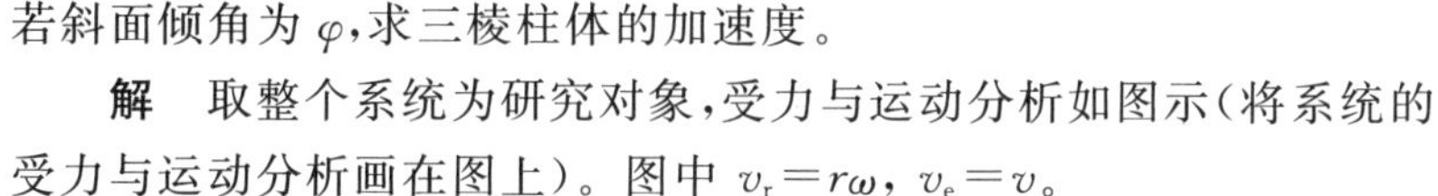

解 取整个系统为研究对象,受力与运动分析如图示(将系统的受力与运动分析画在图上)。图中 $v_r = r\omega$, $v_e = v$。

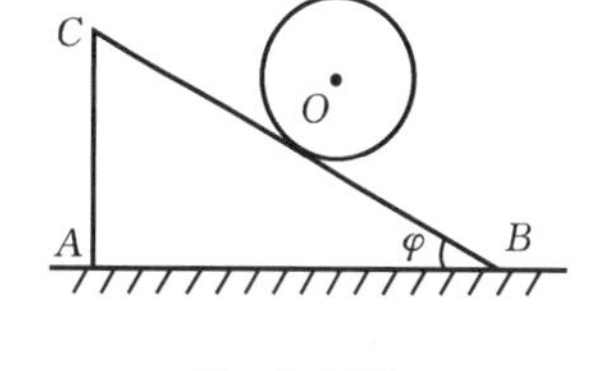

题 18.3 图

由于系统在水平方向没有外力作用,故系统的动量在水平方向的投影守恒,即

______________________________ ①

系统运动过程中只有圆柱体的重力作功,当圆柱中心沿斜面移动 $\mathrm{d}s$ 时,其元功为

$\delta A =$ ______________________________

系统的动能 $T =$ ______________________________

根据质点系统动能定理的微分形式,有 $\delta A = \mathrm{d}T$,即

______________________________ ②

将①式微分后代入②式,并考虑到 $\mathrm{d}s = v_r \mathrm{d}t$,即可求得三棱柱体的加速度

$a = \dot{v} =$ ______________________________

18.4 图示滚子 A 的质量为 m,沿倾角为 φ 的固定斜面向下滚动而不滑动。滚子借一跨过滑轮 B 的软绳提升一质量为 M 的物体,同时滑轮 B 绕 O 轴转动。滚子 A 和滑轮 B 可视为质量、半径皆相等的均质圆盘。求滚子中心的加速度和系在滚子上的软绳的张力。

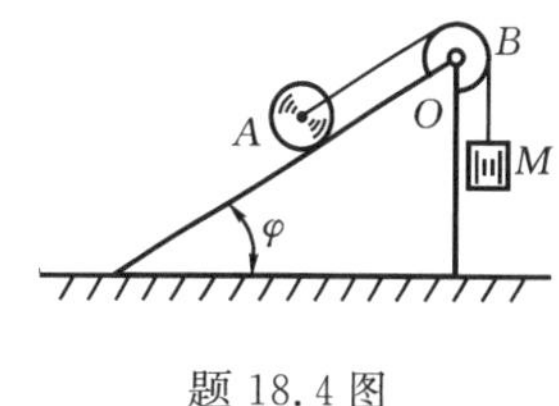

题 18.4 图

18.5 两均质轮子 A 和 B 的质量分别为 m_1 和 m_2，半径分别为 R_1 和 R_2，用细绳连接(如图所示)。轮 A 绕固定轴 O 转动。细绳的质量与轴承摩擦忽略不计。求轮 B 下落时两个轮子的角加速度、B 轮质心 C 的加速度以及绳的张力。

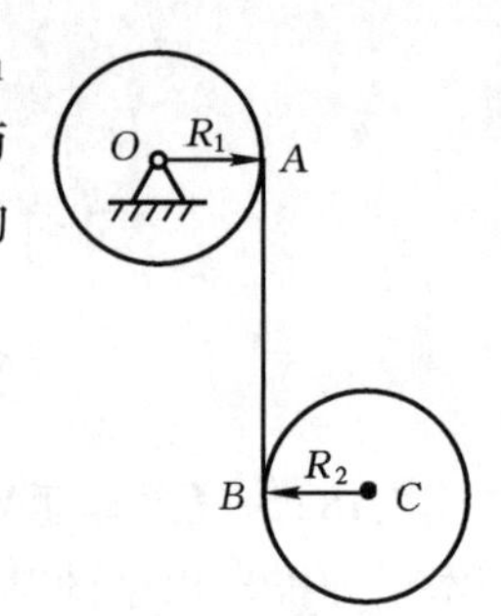

题 18.5 图

18.6 一均质杆 AB 长 l，其下端抵在阶梯地面以保持在铅垂位置，如图中的虚线所示。今若由此开始释放，试求杆的 A 端开始离开阶梯地面时的 θ 角。

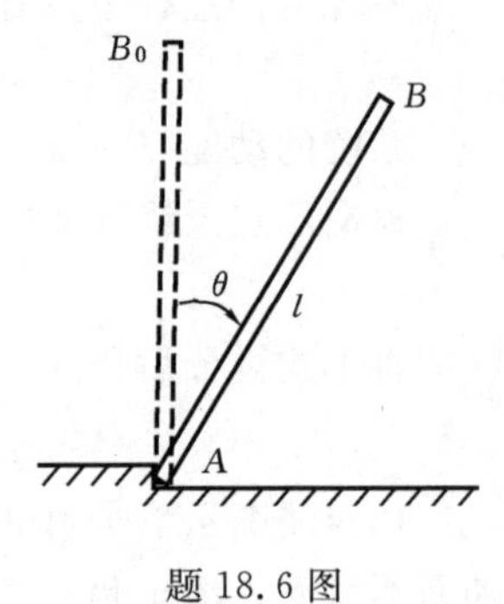

题 18.6 图

18.7 图示均质圆柱质量为 m、半径为 r。当其质心 C 位于与 O 在同一高度的 A_0 位置时，由静止开始滚动而不滑动。求圆柱滚至半径为 R 的圆弧 AB 上时，作用于圆柱上的法向约束力及摩擦力（用 θ 表示）。

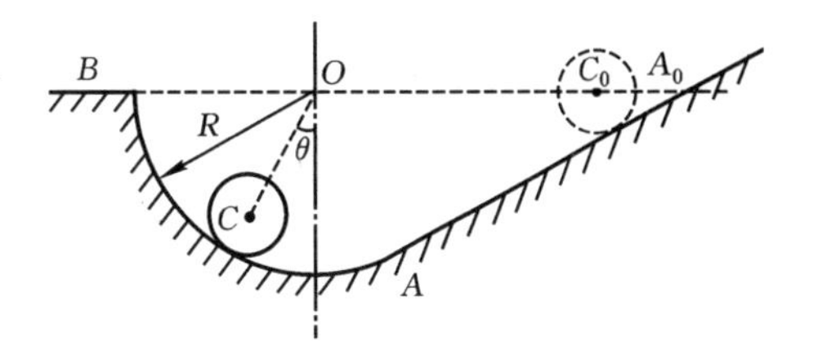

题 18.7 图

18.8 均质细杆 OA 长为 l，重为 F_1，可绕水平轴 O 转动，另一端 A 与均质圆盘的中心铰接，如图所示。圆盘的半径为 r，重为 F_2。当杆处于右侧水平位置时，将系统无初速释放，若不计摩擦，求杆与水平线成 θ 角的瞬时，杆的角速度和角加速度及轴承 O 处的约束力。

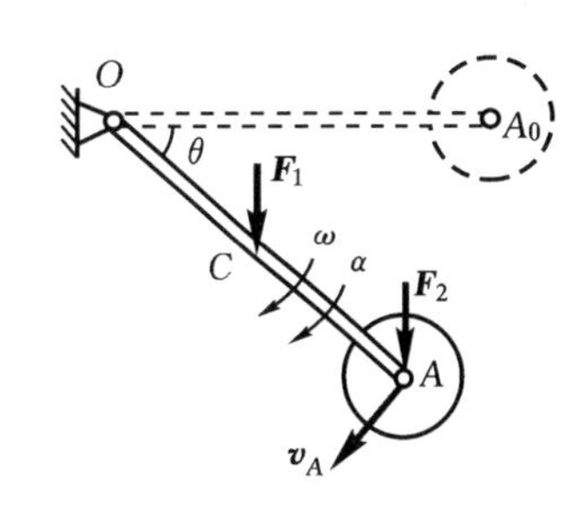

题 18.8 图

*18.9　图示质量皆为 m、半径分别为 $2r$ 和 r 的两均质圆盘固连在一起。初瞬时两盘心连线 AB 铅垂，系统静止。试求当 AB 运动至水平位置时系统的角速度及光滑固定水平面的约束力。

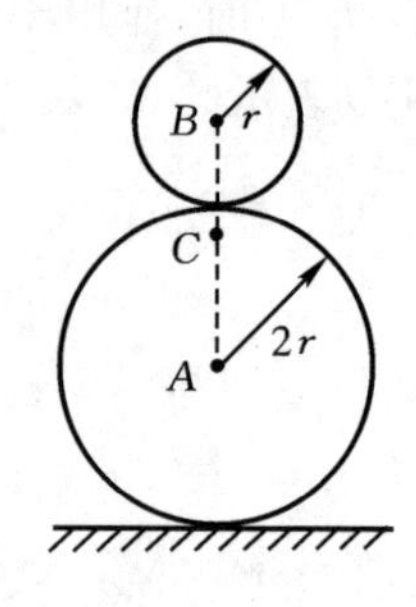

题*18.9图

19　动静法

19.1　【是非题】凡是运动的物体都有惯性力。　　　　(　　)

19.2　【是非题】作用在质点系上的所有外力和质点系中所有质点的惯性力在形式上组成平衡力系。　　　　(　　)

19.3　【是非题】火车加速运动时，第一节车厢的挂钩受力最大。　　　　(　　)

19.4　【是非题】处于瞬时平动状态的刚体，在该瞬时其惯性力系向质心简化的主矩必为零。　　　　(　　)

19.5　【是非题】平面运动刚体惯性力系的合力必作用在刚体的质心上。　　　　(　　)

19.6　【选择题】刚体作定轴转动时，附加动约束力为零的充要条件是(　　)。

A. 刚体的质心位于转动轴上

B. 刚体有质量对称平面，且转动轴与对称平面垂直

C. 转动轴是中心惯性主轴

D. 刚体有质量对称轴，转动轴过质心与该对称轴垂直

19.7　【选择题】均质细杆 AB 长为 l，重为 F，与铅垂轴固结成角 $\alpha=30°$，并以匀角速度 ω 转动，则杆惯性力系的合力的大小等于(　　)。

A. $\dfrac{\sqrt{3}l^2F\omega^2}{8g}$　　B. $\dfrac{l^2F\omega^2}{2g}$　　C. $\dfrac{lF\omega^2}{2g}$　　D. $\dfrac{lF\omega^2}{4g}$

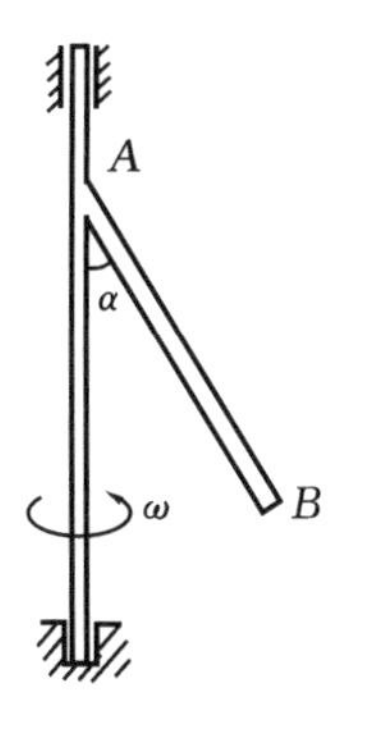

题 19.7 图

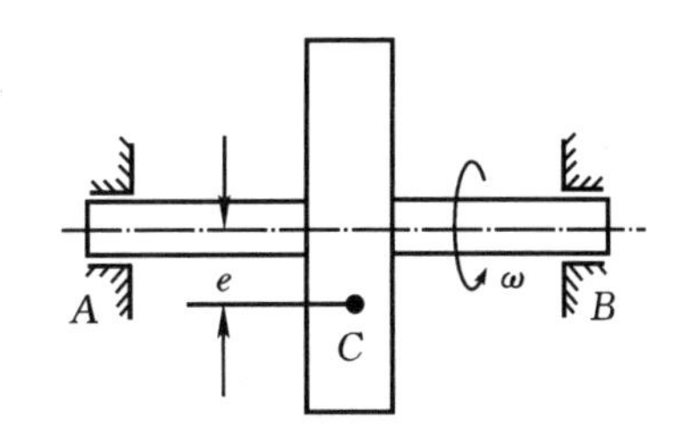

题 19.8 图

19.8　【选择题】图示飞轮由于安装的误差，其质心不在转轴上。如果偏心距为 e，飞轮以匀角速度 ω 转动时，轴承 A 处的附加动约束力的大小为 F''_{NA}，则当飞轮以匀角速度 2ω 转动时，轴承 A 处的附加动约束力的大小为(　　)。

A. F''_{NA}　　B. $2F''_{NA}$　　C. $3F''_{NA}$　　D. $4F''_{NA}$

19.9　【填空题】均质杆 AB 的质量为 m，由三根等长细绳悬挂在水平位置，在图示位置突然割断 O_1B，则该瞬时杆 AB 的加速度为____________(表示为 θ 的函数，方向在图中画出)。

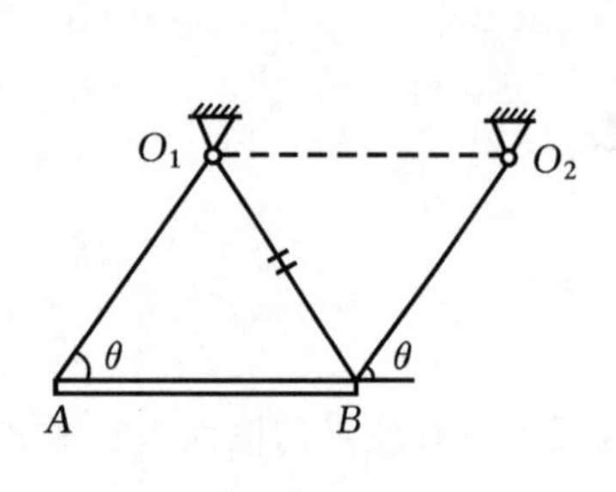

题 19.9 图

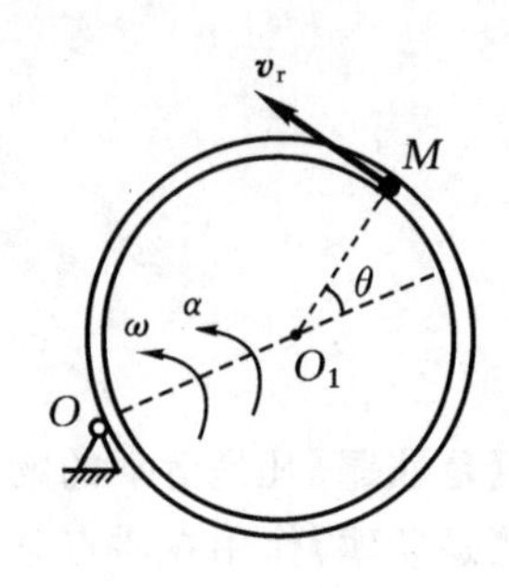

题 19.10 图

19.10 【填空题】半径为 R 的圆环在水平面内绕铅垂轴 O 以角速度 ω、角加速度 α 转动。环内有一质量为 m 的光滑小球 M，图示瞬时（θ 为已知）有相对速度 $\boldsymbol{v}_r$（方向如图），则该瞬时小球的科氏惯性力 $F_{IC}=$＿＿＿＿＿＿＿＿；牵连惯性力 $F_{Ie}^{\tau}=$＿＿＿＿＿＿＿＿，$F_{Ie}^{n}=$＿＿＿＿＿＿＿＿（方向在图中画出）。

19.11 【填空题】均质圆盘半径为 R，质量为 m，沿斜面作纯滚动。已知轮心加速度为 $\boldsymbol{a}$，则圆盘各质点的惯性力向 O 点简化的结果是：惯性力系主矢 $\boldsymbol{F}'_{IR}$ 的大小等于＿＿＿＿＿＿，惯性力系主矩 $\boldsymbol{M}_{IO}$ 的大小等于＿＿＿＿＿＿（方向在图中画出）。

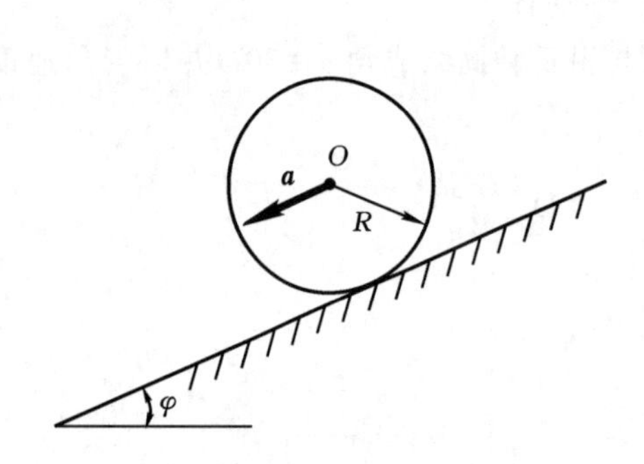

题 19.11 图

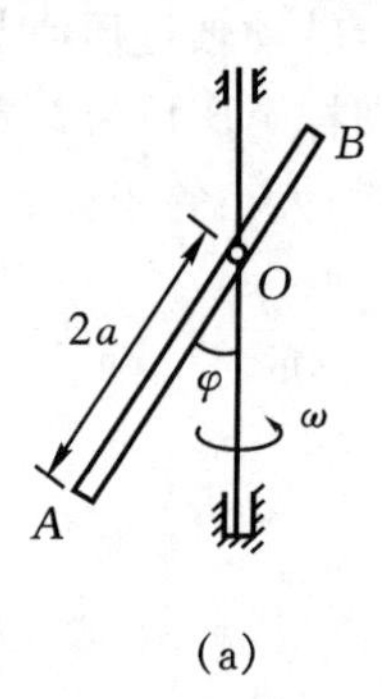

(a)　　(b)

题 19.12 图

19.12 【引导题】长为 $3a$、重为 $3F$ 的均质细直杆 AB 在距 B 端为 a 处与铅垂轴铰接，如图(a)所示。此轴以匀角速度 ω 转动，求杆的 OA 段偏离铅垂线的角 φ 与 ω 间的关系。

解　取杆 AB 为研究对象，它作定轴转动，受力如图(b)所示（将杆的受力画在图(b)上）。OA 段惯性力系合力的大小为

$$F_{IR1}=\underline{\qquad\qquad\qquad\qquad}$$

OB 段惯性力系合力的大小为

$$F_{IR2}=\underline{\qquad\qquad\qquad\qquad}$$

$\boldsymbol{F}_{IR1}$ 和 $\boldsymbol{F}_{IR2}$ 方向如图(b)所示（将惯性力加画在图(b)上）。

根据质点系的达朗伯原理，有

$$\sum m_O=0,\ \underline{\qquad\qquad\qquad\qquad}$$

即可求得偏角 φ 与 ω 间的关系

＿＿＿＿＿＿＿＿＿＿＿＿＿＿＿＿＿＿＿＿

19.13 **【引导题】**三棱柱体 ABC 的质量为 m_1，可沿光滑水平面滑动。质量为 m_2 的均质圆柱体可沿三棱柱体的斜面 AB 作纯滚动，如图(a)所示。设斜面的倾角为 θ，试求三棱柱体的加速度。

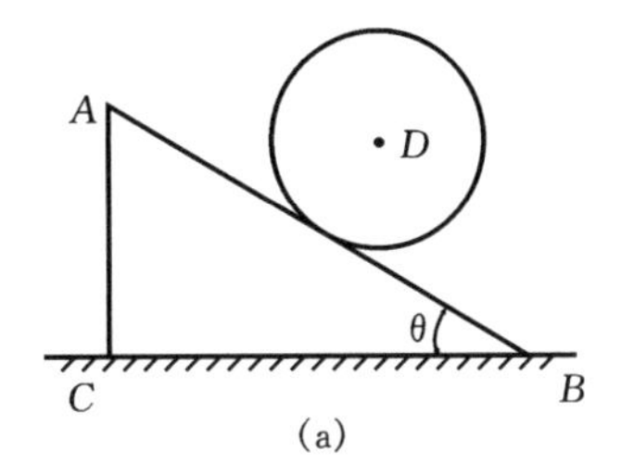

(a)

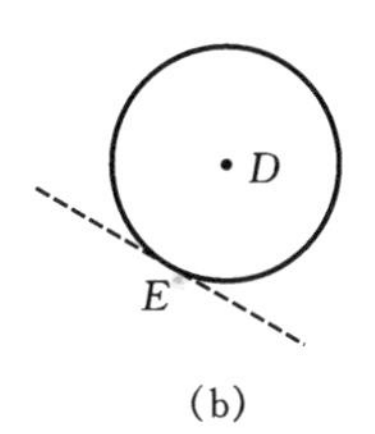

(b)

题 19.13 图

解 先取整个系统为研究对象，将其受力、运动和惯性力分析画在图(a)上。其中，$F_{IR1}=$ ________；$F_{IR}^{e'}=$ ________，$F_{IR}^{r'}=$ ________，$M_{ID}=$ ________。根据质点系的达朗伯原理，有

$$\sum F_x=0,\ \underline{\qquad\qquad\qquad\qquad\qquad\qquad} \quad ①$$

再取圆柱体为研究对象，受力、运动和惯性力分析如图(b)(画在图(b)上)。根据质点系的达朗伯原理，有

$$\sum M_E=0,\ \underline{\qquad\qquad\qquad\qquad\qquad\qquad} \quad ②$$

补充运动学关系(以三棱柱体 ABC 为动系时，动点 D 的相对加速度 a_r 和圆柱的角加速度 α 间的关系式)

$$\underline{\qquad\qquad\qquad\qquad\qquad\qquad} \quad ③$$

联解上述三个方程，即可求得三棱柱体的加速度

$$a_1=\underline{\qquad\qquad\qquad\qquad\qquad\qquad}$$

19.14 长为 l，质量为 m 的均质杆 AB 的一端焊接于半径为 r 的圆盘边缘上，如图所示。若已知图示瞬时圆盘的角速度 $\omega=0$，角加速度为 α，求焊缝 A 处的附加动约束力。

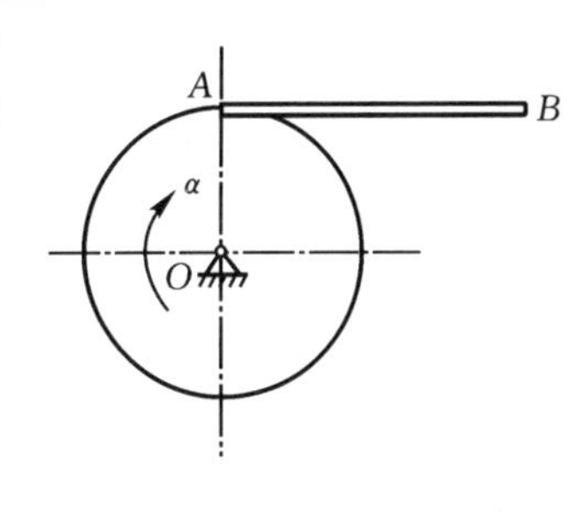

题 19.14 图

19.15　如图所示，质量为 m 的均质细杆 AB 长为 l，A 端搁在光滑水平面上，另一端 B 由质量可以不计的绳子系于固定点 D，且 ABD 在同一铅垂平面内。当绳处于水平位置时，杆由静止开始落下。求在该瞬时：(1) 杆的角加速度；(2) 绳子的张力；(3) A 点的约束力。

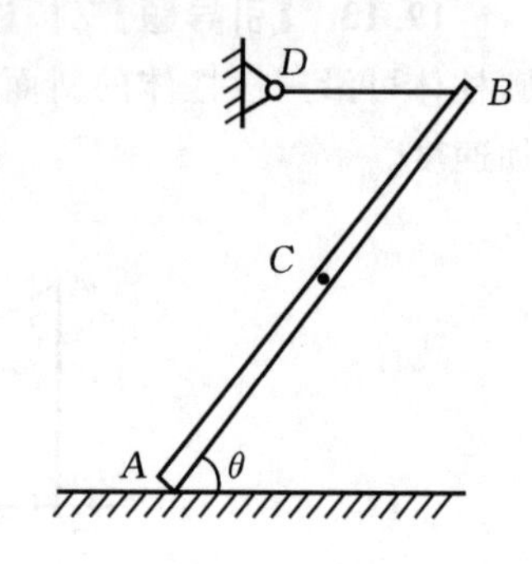

题 19.15 图

19.16　图示半径为 R 的均质圆柱体的质量 $M=20$ kg，由绕在其上的水平绳子拉着作纯滚动，绳的另一端跨过定滑轮 B 系着质量为 $m=10$ kg 的重物 A。不计滑轮和绳子的质量，求：(1) 圆柱中心的加速度；(2) 水平段绳的张力；(3) 地面对圆柱的摩擦力。

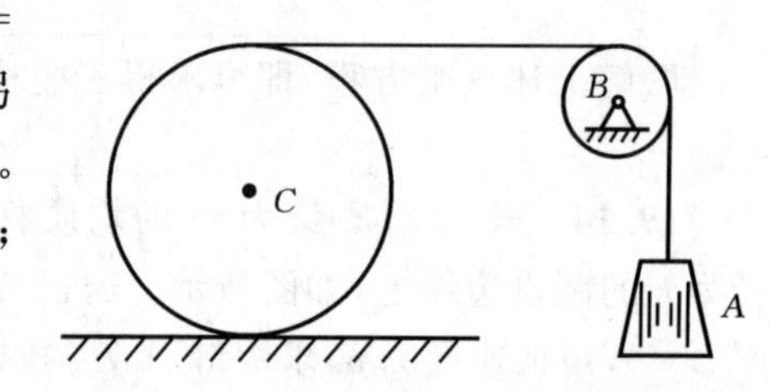

题 19.16 图

20　虚位移原理

20.1　【是非题】质点系的虚位移是由约束条件决定的，与质点系运动的初始条件、受力及时间无关。　（　　）

20.2　【是非题】因为实位移和虚位移都是约束所许可的，故实际的微小位移必定是诸虚位移中的一个。　（　　）

20.3　【是非题】任意质点系平衡的充要条件都是：作用于质点系的主动力在系统的任何虚位移上的虚功之和等于零。　（　　）

20.4　【是非题】系统的广义坐标数并不一定总是等于系统的自由度数。　（　　）

20.5　【是非题】广义力的表达式随所取的广义坐标的不同而不同，故其单位可能是 N 或是 N·m 等。　（　　）

20.6　【选择题】在以下约束方程中属于几何约束的有（　　）；属于运动约束的有（　　）；属于完整约束的有（　　）；属于非完整约束的有（　　）；属于定常约束的有（　　）；属于非定常约束的有（　　）；属于单面约束的有（　　）。

A. $x^2+y^2+z^2=16$　　B. $\dot{x}-r\dot{\varphi}=0$

C. $x^2+y^2\leqslant 9$　　D. $x^2+y^2=10t$

E. $(\dot{y}_1+\dot{y}_2)(x_1-x_2)=(\dot{x}_1+\dot{x}_2)(y_1-y_2)$

20.7　【选择题】机构在图示瞬时有 $\alpha=\beta=45°$，若 A 点的虚位移为 $\delta \boldsymbol{r}_A$，则 B 点虚位移的大小 $\delta r_B=$＿＿＿＿；OC 杆中点 D 的虚位移的大小 $\delta r_D=$＿＿＿＿。

A. $0.5\delta r_A$　　B. δr_A　　C. $2\delta r_A$　　D. 0

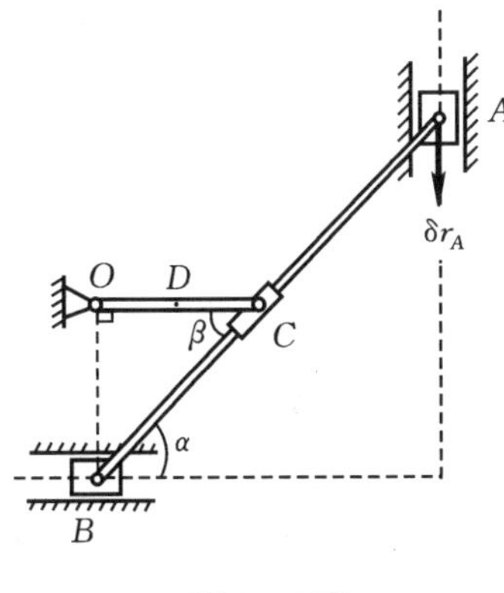

题 20.7 图

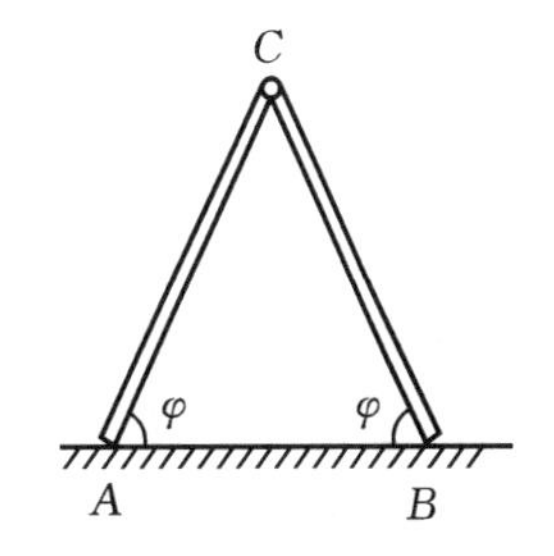

题 20.8 图

20.8　【选择题】一折梯放在粗糙水平地面上，如图所示。设梯子与地面之间的滑动摩擦因数为 f_s，且 AC 和 BC 两部分为等长均质杆，则梯子与水平面所成最小角度 $\varphi_{\min}$ 为＿＿＿＿。

A. 0　　B. $\operatorname{arccot}\dfrac{1}{2f_s}$　　C. $\arctan\dfrac{1}{4f_s-1}$　　D. $\arctan\dfrac{1}{2f_s}$

20.9　【填空题】在图示各平面机构中，(1) 图(a)所示系统的自由度 $N=$＿＿＿＿；(2)

图(b)所示系统的自由度 $N=$________;(3) 图(c)所示系统的自由度 $N=$________;(4) 图(d)所示系统的自由度 $N=$________。

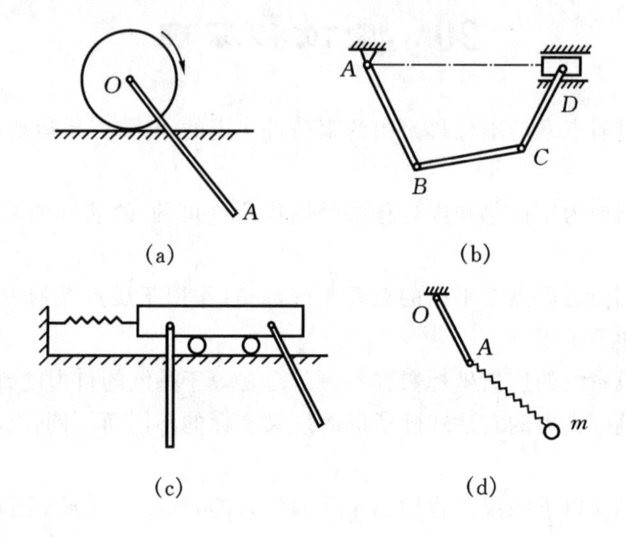

题 20.9 图

20.10 【填空题】在图示平面机构中,A、B、O_2 和 O_1、C 分别在两水平线上,O_1A 和 O_2C 分别在两铅垂线上,$\alpha=30°$,$\beta=45°$,A 和 C 点虚位移之间的关系为________________________。

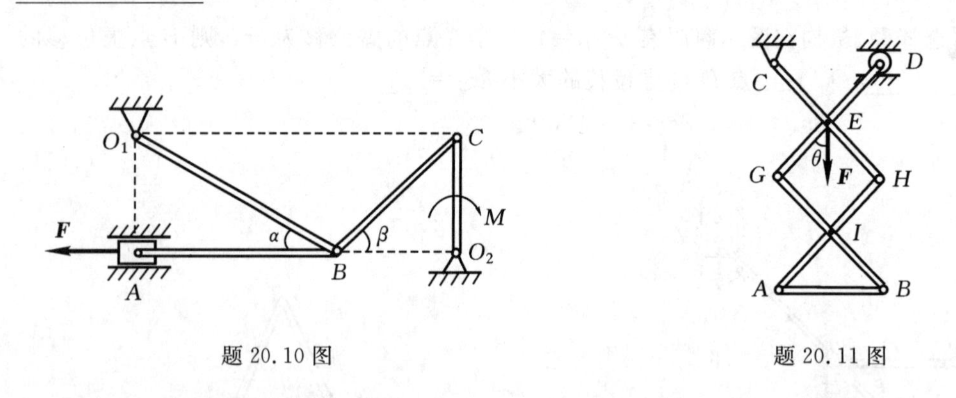

题 20.10 图　　　　题 20.11 图

20.11 【填空题】图示构架各斜杆长度均为 $2a$,在其中点相互铰接,$\theta=45°$,受已知力 $\boldsymbol{F}$ 作用,$F=20$ kN,各杆重量均不计,则 AB 杆的内力为____________。

20.12 【引导题】图(a)所示刚杆 OA 和 AB 的长度都是 $l=90$ cm,在 A 端用铰链连接,B 端铰接一小轮,O、B 两点位于同一水平线上。在杆的 C 和 D 两点间连接一根刚度系数 $k=30$ N/cm的水平弹簧,弹簧的原长 $l_0=50$ cm,而$\overline{OC}=\overline{BD}=l/3$。在 A 处作用有一与水平线成 $\alpha=30°$的力 $\boldsymbol{F}_1$,$F_1=30$ N,在 B 处作用有一水平力 $\boldsymbol{F}_2$,系统在铅垂面内图示位置平衡,此时弹簧被拉伸,且 $\varphi=60°$。如果不计各构件重量和摩擦,试求系统平衡时力 $\boldsymbol{F}_2$ 的大小。

解 取整个系统为研究对象。解除弹簧,代以相应的弹性力 $\boldsymbol{F}$ 和 $\boldsymbol{F}'$(图(b)),且 $\boldsymbol{F}=-\boldsymbol{F}'$。系统具有一个自由度,选角 φ 为广义坐标。作用在系统上的主动力有 $\boldsymbol{F}_1$、$\boldsymbol{F}_2$ 以及弹性力 $\boldsymbol{F}$ 和 $\boldsymbol{F}'$。可采用三种方法求解。

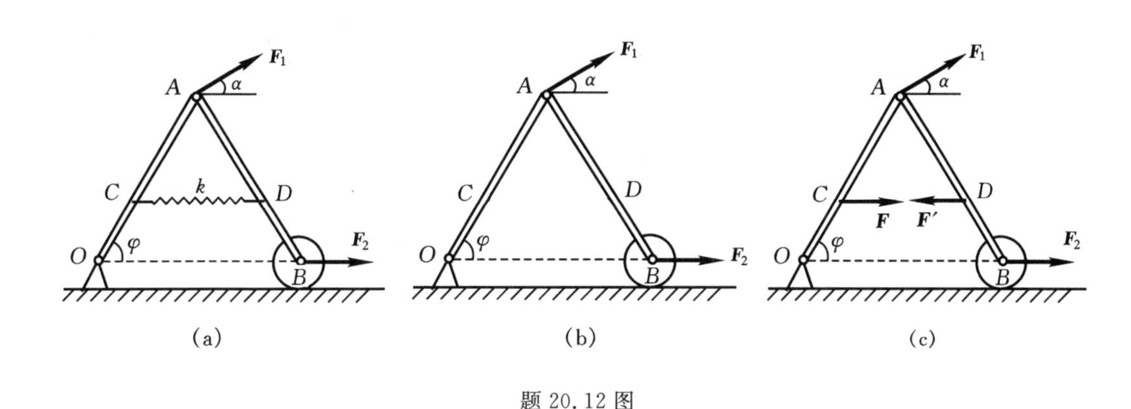

题 20.12 图

解法一(解析法)　在图(b)建立固定直角坐标系 Oxy,则各主动力作用点位置用广义坐标表示的直角坐标表达式为

$x_A=$＿＿＿＿＿＿＿＿, $y_A=$＿＿＿＿＿＿＿＿, $x_B=$＿＿＿＿＿＿＿＿,

$x_C=$＿＿＿＿＿＿＿＿, $x_D=$＿＿＿＿＿＿＿＿

求其变分得

$\delta x_A=$＿＿＿＿＿＿＿＿, $\delta y_A=$＿＿＿＿＿＿＿＿, $\delta x_B=$＿＿＿＿＿＿＿＿,

$\delta x_C=$＿＿＿＿＿＿＿＿, $\delta x_D=$＿＿＿＿＿＿＿＿　　①

根据虚功方程 $\sum(F_x\delta x+F_y\delta y+F_z\delta z)=0$ 得

＿＿＿＿＿＿＿＿＿＿＿＿＿＿＿＿＿＿＿＿＿＿　　②

由于弹性力的大小 $F=F'=$＿＿＿＿,将①式代入②式,且考虑到 $\delta\varphi\neq0$,解得

$F_2=$＿＿＿＿＿＿＿＿＿＿＿＿＿＿＿＿＿＿＿＿　　③

解法二(几何法)　在整个系统上画出全部主动力 $\boldsymbol{F}_1$、$\boldsymbol{F}_2$、$\boldsymbol{F}$、$\boldsymbol{F}'$,并根据约束情形画出各主动力作用点的虚位移,如图(c)所示。

根据虚功方程 $\sum\delta A=\sum\boldsymbol{F}_i\cdot\delta\boldsymbol{r}_i=0$,得

＿＿＿＿＿＿＿＿＿＿＿＿＿＿＿＿＿＿＿＿＿＿＿＿　　④

由图(c)知相关虚位移之间的关系:

$\delta r_C=$＿＿＿＿ δr_A, $\delta r_D=$＿＿＿＿ δr_A, $\delta r_B=$＿＿＿＿ δr_A　　⑤

将⑤式代入④式,且 $\delta r_A\neq0$,即可求得力 $\boldsymbol{F}_2$ 的大小,同③式。

解法三(广义力法)　对于本题可取 φ 为广义坐标,则有 $Q_\varphi=0$,即

$$Q_\varphi=\frac{[\sum\delta A]_\varphi}{\delta\varphi}=\text{＿＿＿＿＿＿＿＿＿＿＿＿＿＿}=0$$

将⑤式代入,且注意到 $\delta r_A=l\delta\varphi\neq0$,可得

＿＿＿＿＿＿＿＿＿＿＿＿＿＿＿＿＿＿＿＿＿＿＿＿

解之即得③式。

20.13　【引导题】杆 OA 和 AB 以铰链相连,O 端悬挂于圆柱铰链上,如图所示,杆长 $\overline{OA}=a$,$\overline{AB}=b$,杆重和铰链的摩擦都忽略不计。今在点 A 和 B 分别作用有向下的铅垂力 $\boldsymbol{F}_A$ 和 $\boldsymbol{F}_B$,又在点 B 作用一水平力 $\boldsymbol{F}$。试求平衡时 φ_1、φ_2 与 $\boldsymbol{F}_A$、$\boldsymbol{F}_B$、$\boldsymbol{F}$ 之间的关系。

解　取整个系统为研究对象。该系统具有两个自由度,选 φ_1 和 φ_2 为广义坐标,下面用三

种方法进行求解。

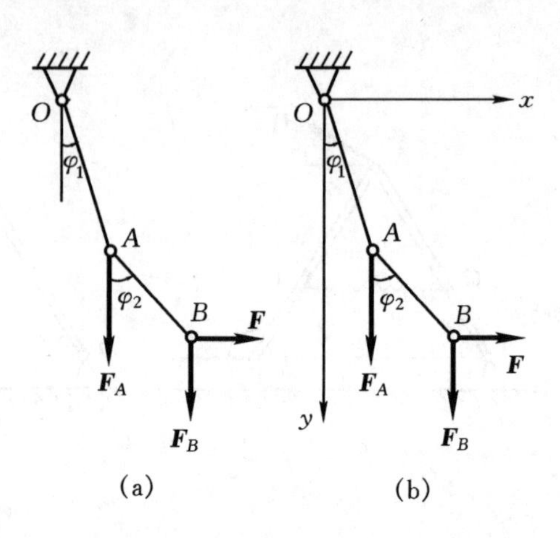

题 20.13 图

解法一(解析法)　建立图(b)所示的直角坐标系 Oxy,则得 A、B 两点相应坐标及坐标变分为

$y_A=$________, $x_B=$____________,

$y_B=$______________

$\delta y_A=$________, $\delta x_B=$____________,

$\delta y_B=$__________________　①

根据虚功方程 $\sum\delta A=\sum(F_x\delta x+F_y\delta y)=0$,有

______________________________　②

将①式代入②式整理可得

(____________________)·$\delta\varphi_1+$

(________________)·$\delta\varphi_2=0$　③

因为 $\delta\varphi_1\neq0$, $\delta\varphi_2\neq0$,且是彼此独立的,故由上式可得两个独立平衡方程

______________________________　④

______________________________　⑤

联立求解以上两式,即得

$\tan\varphi_1=$____________, $\tan\varphi_2=$____________　⑥

解法二(几何法)　应用虚功方程

$$\delta A=\sum \boldsymbol{F}_i\cdot\delta\boldsymbol{r}_i=0$$　⑦

求解。因为 $\delta\varphi_1$ 和 $\delta\varphi_2$ 是彼此独立的,故可先令 $\delta\varphi_1\neq0$,$\delta\varphi_2=0$,在图(a)上画出系统各主动力作用点的虚位移,根据⑦式建立虚功方程,有

______________________________　⑧

其中虚位移之间关系为 $\delta r_A=$______ $\delta\varphi_1$,$\delta r_B=$______ $\delta\varphi_1$,代入⑧式得

(________________________)·$\delta\varphi_1=0$　⑨

因为 $\delta\varphi_1\neq0$,故由上式即得④式。

同理,又令 $\delta\varphi_1=0$,$\delta\varphi_2\neq0$,在图(b)上画出系统各点的虚位移,根据⑦式有

______________________________　⑩

又有 $\delta r_B=$______ $\delta\varphi_2$,代入⑩式得

(______________________)·$\delta\varphi_2=0$　⑪

因为 $\delta\varphi_2\neq0$,故由上式即得⑤式。

解法三(广义力法)　广义坐标形式的虚位移原理表达式为

$$\boldsymbol{Q}_1=0$$　⑫

$$\boldsymbol{Q}_2=0$$　⑬

先令 $\delta\varphi_1\neq0$,$\delta\varphi_2=0$,所以对应于广义坐标 φ_1 的广义力为

$$Q_1=\frac{[\sum\delta A]_{\varphi_1}}{\delta\varphi_1}=$$______________________　⑭

又令 $\delta\varphi_1=0$, $\delta\varphi_2\neq0$,所以对于广义坐标 φ_2 的广义力为

$$Q_2=\frac{\left[\sum\delta A\right]_{\varphi_2}}{\delta\varphi_2}=\underline{\qquad\qquad\qquad\qquad}\tag{15}$$

把⑭、⑮两式分别代入⑫式、⑬式，即得④、⑤两式。

另外，广义力 Q_1、Q_2 也可由如下解析式求得

$$Q_1=F_A\frac{\partial y_A}{\partial\varphi_1}+F_B\frac{\partial y_B}{\partial\varphi_1}+F\frac{\partial x_B}{\partial\varphi_1};\quad Q_2=F_A\frac{\partial y_A}{\partial\varphi_2}+F_B\frac{\partial y_B}{\partial\varphi_2}+F\frac{\partial x_B}{\partial\varphi_2}$$

20.14 边长为 l 的铰接菱形机构 $ADBC$ 如图所示。A、B 间连一刚度系数为 k 的弹簧，在铰链 C、D 上各有重为 F_1 的小球。已知 $\varphi=45°$时，弹簧不受力，且弹簧能承受压力。不计各杆自重，$F_1<2lk(1-\sqrt{2}/2)$。求机构的平衡位置。

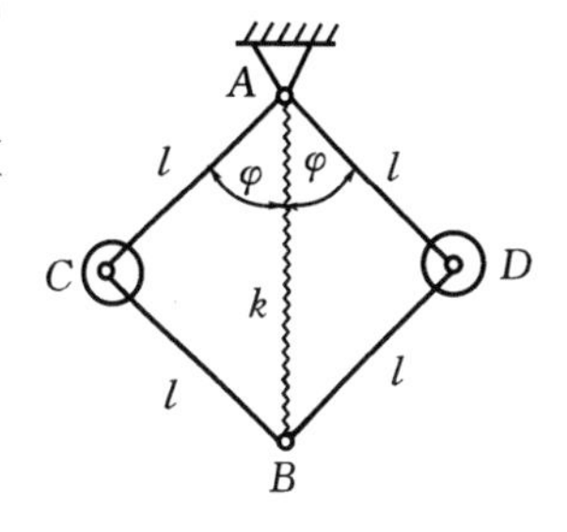

题 20.14 图

*__20.15__　在图示机构中，已知力 $\boldsymbol{F}$，半径 $r_A=R/4$ 的行星轮 A 可沿太阳轮作纯滚动，太阳轮的半径为 R，力偶矩 $M_A=M/10$。为使机构在 $OA\perp AB$ 及 θ 角位置保持平衡，试用虚位移原理求作用在杆 OA 上的力偶矩 M。

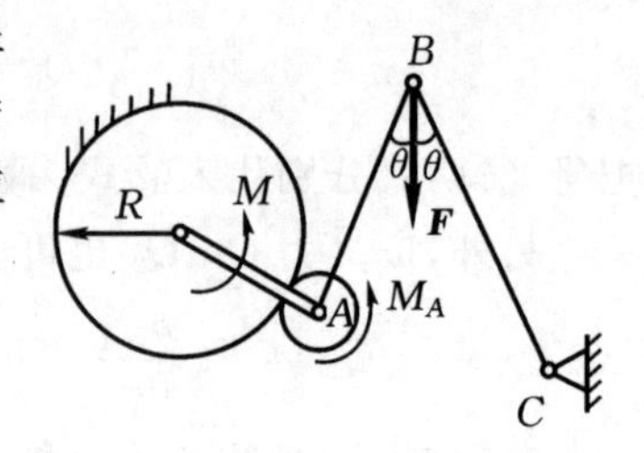

题 *20.15 图

*__20.16__　在图示结构中，已知弹簧的刚度系数 $k=100$ N/cm，原长 $l_0=50$ cm，$l=60$ cm，$\beta=30°$，$EF/\!/AB$，杆重不计。试用虚位移原理求连杆 EF 的内力 F。

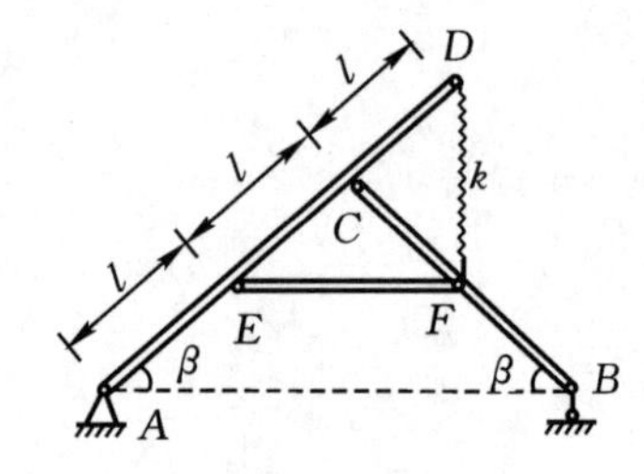

题 *20.16 图

20.17　在图示结构中，已知 $F_2=100\ \mathrm{kN}$，$F_1=300\ \mathrm{kN}$。试用虚位移原理求：(1) 支座 B 的约束力；(2) 杆 BC 的内力。

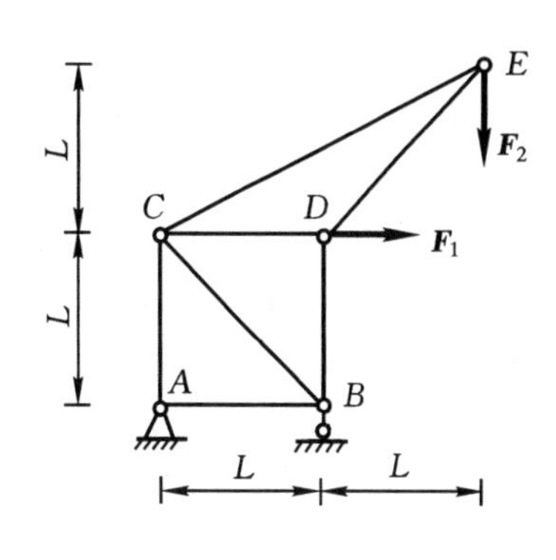

题 20.17 图

20.18　在图示结构中，已知 $q=2\ \mathrm{kN/m}$，$F_1=10\ \mathrm{kN}$，$L=2\ \mathrm{m}$，$\varphi=45°$，E 处为固定端约束。试用虚位移原理求：(1)支座 A 的约束力；(2)支座 E 的约束力偶和水平方向的约束力。

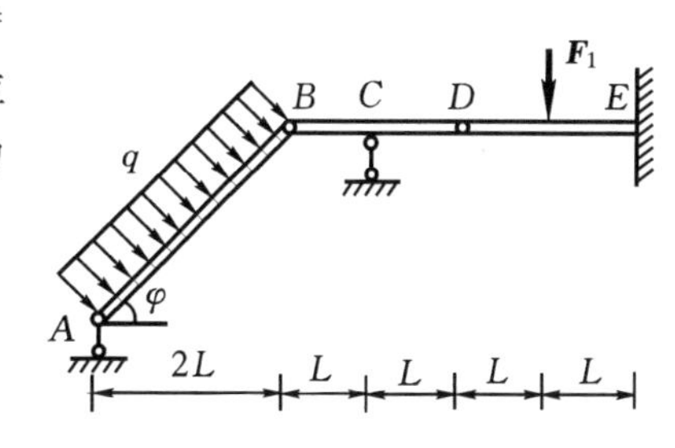

题 20.18 图

20.19　半径为 R 的滚子放在粗糙水平面上，连杆 AB 的两端分别与轮缘上的 A 点和滑块 B 铰接。现在滚子上施加力偶矩为 M 的力偶，在滑块上施加水平力 $\boldsymbol{F}$，使系统于图示位置处于平衡。设力 $\boldsymbol{F}$ 为已知，$\varphi=45°$，忽略滚动摩阻和各构件的重量，不计滑块和各铰链处的摩擦，试用虚位移原理求力偶矩 M 以及滚子与地面间的摩擦力 F_s。

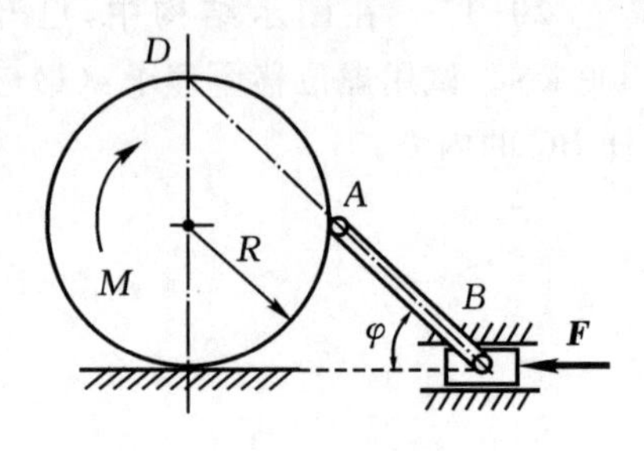

题 20.19 图

21 动力学普遍方程和拉格朗日方程

21.1 【是非题】理论力学中，任何其他的动力学方程都可由动力学普遍方程推导出来。 ( )

21.2 【是非题】具有完整、理想约束的保守系统，其运动规律不完全取决于拉格朗日函数。 ( )

21.3 【是非题】广义坐标不能在动参考系中选取。 ( )

21.4 【是非题】任意质点系各广义坐标的变分 δq 都是彼此独立的。 ( )

21.5 【是非题】循环积分往往具有明显的物理意义，它们可以被认为是系统的动量守恒或动量矩守恒的某种广义形式。 ( )

21.6 【选择题】如果系统的拉格朗日方程数目恰好等于系统的自由度数目，则该系统应该是（ ）。

A. 保守系统　　B. 完整系统

C. 非完整系统　　D. 任意系统

21.7 【选择题】均质细杆 AB 长为 L，重为 P，可在铅垂面内绕 A 轴转动。小球 M 重为 F，可在 AB 杆上滑动，弹簧原长为 L_0，刚度系数为 k。不计弹簧重量和所有各处摩擦。今取 φ、x 为广义坐标，则对应于广义坐标 x 的广义力 Q_x =（ ）。

A. $F\cos\varphi+(L_0+x)$　　B. $F\cos\varphi-k(L_0+x)$

C. $F\cos\varphi-kx$　　D. $F\cos\varphi+kx$

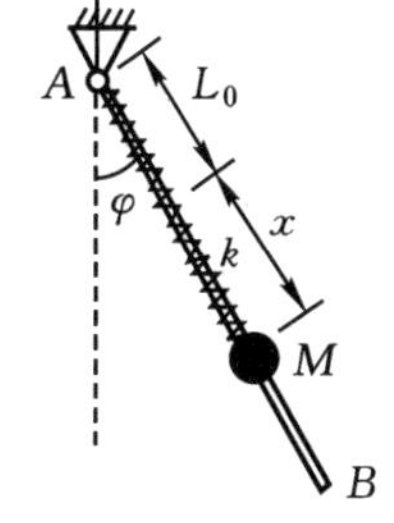

题 21.7 图

21.8 【选择题】图示一长 $l=0.6$ m，质量 $m_1=3$ kg 的均质杆 AB，A 端用铰链固定，B 端系一水平弹簧，其刚度系数 $k=32$ N/cm。在 AB 杆中点系一不可伸长的细绳，此绳绕过质量 $m_2=2$ kg、半径为 r 的均质圆轮。绳的另一端悬挂一质量 $m_3=1$ kg 的重物。取平衡时重物位置为坐标原点，广义坐标为 y，则系统的运动微分方程为（ ）。

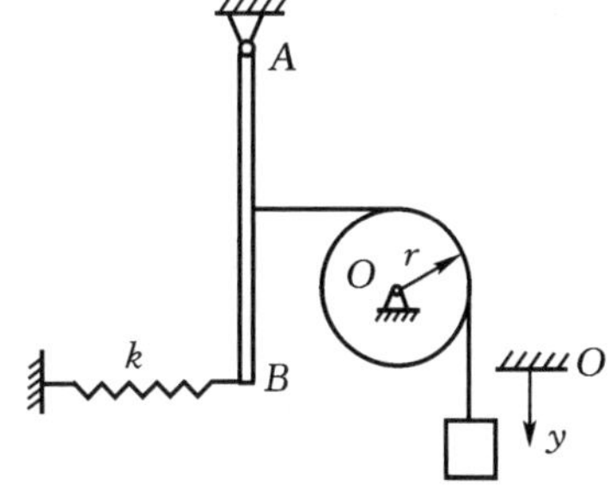

题 21.8 图

A. $(m_3+\frac{1}{2}m_2+\frac{4}{3}m_1)\ddot{y}+(m_1 g\,\frac{2}{l}+4k)y=0$

B. $(m_3+\frac{1}{2}m_2+\frac{4}{3}m_1)\ddot{y}+(m_1 g\,\frac{2}{l}+4k)y=m_3 g$

C. $(m_3+\frac{1}{2}m_2+\frac{4}{3}m_1)\ddot{y}-4ky=0$

D. $(m_3+\frac{1}{2}m_2+\frac{4}{3}m_1)\ddot{y}-2ky=\frac{1}{2}m_3 g$

21.9 【填空题】图示系统有________个自由度。其中一组能描述该系统位置的广义坐标可取为____________，试在图中画出相应的广义坐标。

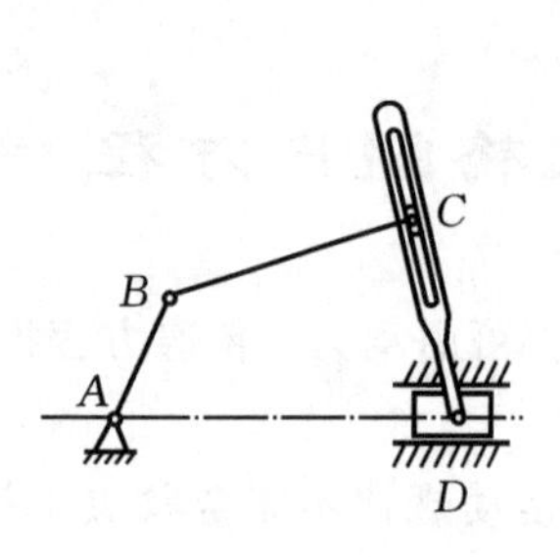

题 21.9 图

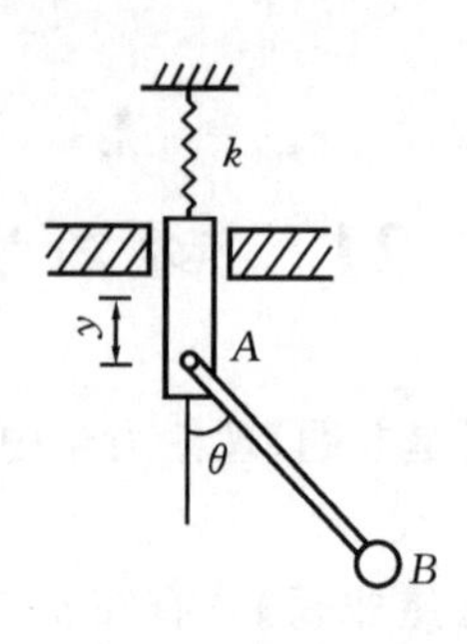

题 21.10 图

21.10 【填空题】在图示系统中，已知摆锤 B 的质量为 m，摆长为 b，其他物体的质量忽略不计，弹簧的刚度系数为 k，则该系统对应于广义坐标 y（y 从点 A 的静平衡位置算起）和 θ 的广义力分别为 $Q_y=$________；$Q_\theta=$________________。

21.11 若系统的拉格朗日函数中不显含某几个广义坐标，则这些广义坐标称为________________。

21.12 【引导题】软绳绕在均质定滑轮 A 和圆柱体 B 上，如图(a)所示，已知 A、B 的质量分别为 m_1 和 m_2，半径分别为 R_1 和 R_2，圆柱体的质心沿铅垂线下落。求定滑轮 A 和圆柱体 B 的角加速度。

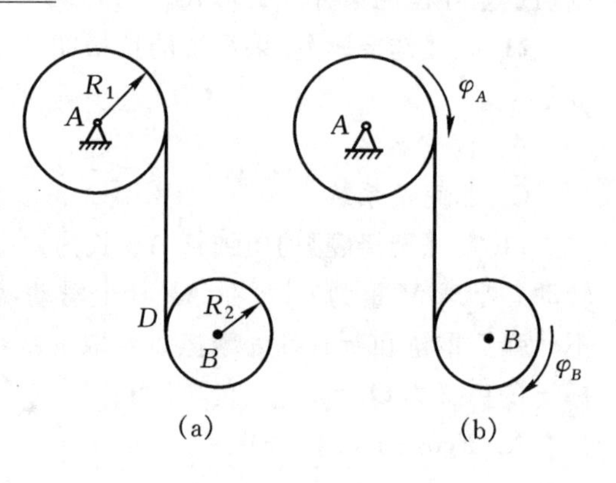

题 21.12 图

解 取整个系统为研究对象，系统有两个自由度，取定滑轮 A 和圆柱体 B 的转角 φ_A 和 φ_B 为广义坐标。

解法一（用动力学普遍方程求解）　系统具有理想约束，主动力是两者的重力 $m_1\boldsymbol{g}$ 和 $m_2\boldsymbol{g}$，必要的运动学关系为

$$\left.\begin{aligned} x_B &= R_1\varphi_A + R\varphi_B \\ v_B &= \dot{x}_B = R_1\dot{\varphi}_A + R_2\dot{\varphi}_B \\ a_B &= \ddot{x}_B = R_1\ddot{\varphi}_A + R_2\ddot{\varphi}_B = R_1\alpha_A + R_2\alpha_B \end{aligned}\right\} \qquad ①$$

虚加惯性力（画在图(b)上）

$M_{IA}=$________________，$M_{IB}=$________________，$F'_{IRB}=$________

令广义虚位移 $\delta\varphi_A\neq0$，$\delta\varphi_B=0$，根据动力学普遍方程，有

____

而 $\delta x_B=R_1\delta\varphi_A$，并注意到 $\delta\varphi_A\neq0$，代入上式，得

____ ②

又令 $\delta\varphi_A=0$，$\delta\varphi_B\neq0$，根据动力学普遍方程，有

____

而 $\delta x_B=R_2\delta\varphi_B$，且 $\delta\varphi_B\neq0$，代入上式，得

____ ③

联立②式、③式，得角加速度

$\ddot{\varphi}_A=$____________________，$\ddot{\varphi}_B=$____________________

解法二(用拉格朗日方程求解) 仍取 φ_A、φ_B 为广义坐标，则系统的动能为

$$T=\frac{1}{2}J_A\dot{\varphi}_A^2+\frac{1}{2}J_B\dot{\varphi}_B^2+\frac{1}{2}m_2\dot{x}_B^2$$

将运动学关系①代入上式，动能用广义坐标表示为

$T=$____

取 A 点所在水平面为零势能位置，则系统的势能为

$V=$____________________________

系统的拉格朗日函数

$L=T-V=$____

根据保守系统的拉格朗日方程，有

$$\frac{\mathrm{d}}{\mathrm{d}t}\left(\frac{\partial L}{\partial\dot{\varphi}_A}\right)-\frac{\partial L}{\partial\varphi_A}=0,\quad\_\_\_\_\_\_\_\_\_\_\_\_\_\_\_\_\_\_\_\_\_\_\_\_\_\_\_\_\_\_ \qquad ④$$

$$\frac{\mathrm{d}}{\mathrm{d}t}\left(\frac{\partial L}{\partial\dot{\varphi}_B}\right)-\frac{\partial L}{\partial\varphi_B}=0,\quad\_\_\_\_\_\_\_\_\_\_\_\_\_\_\_\_\_\_\_\_\_\_\_\_\_\_\_\_\_\_ \qquad ⑤$$

可见④、⑤式与②、③式相同，结果必然相同。

21.13 【引导题】在图示系统中，质量 $m_1=2$ kg、半径 $R=10$ cm 的均质圆柱 B 通过绳和弹簧与质量 $m_2=1$ kg 的物块 M 相连，弹簧的刚度系数 $k=2$ N/m，斜面倾角 $\theta=30°$。假设圆柱 B 滚动而不滑动，绳子的倾斜段与斜面平行，不计定滑轮 A、绳子和弹簧的质量，以及轴承 A 处的摩擦，试求系统的运动微分方程。

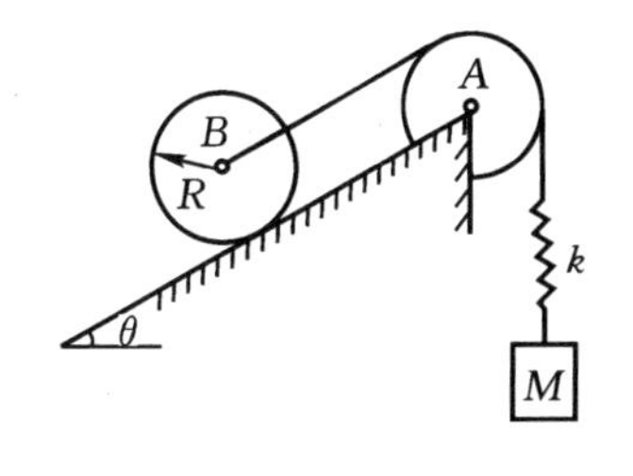

题 21.13 图

解 取整个系统为研究对象，系统具有两个自由度，选圆柱 B 的质心沿斜面向上的坐标 x_1 及物块 M 铅垂向下的坐标 x_2 为广义坐标，其原点均在静平衡位置(将 x_1 和 x 标在图上)。系统的动能

$T=$____

选静平衡位置为势能零点，故弹性力静变形的势能与重力势能相互抵消，于是系统的势能

$V=$____________________________

对应于广义坐标 x_1 和 x_2 的广义力 $Q_1=-\dfrac{\partial V}{\partial x_1}=$____________________________；

$Q_2=-\dfrac{\partial V}{\partial x_2}=$____________________。根据拉格朗日方程，有

$$\frac{\mathrm{d}}{\mathrm{d}t}\left(\frac{\partial T}{\partial\dot{x}_1}\right)-\frac{\partial T}{\partial x_1}=Q_1,\quad\_\_\_\_\_\_\_\_\_\_\_\_\_\_\_\_\_\_\_\_$$

$$\frac{\mathrm{d}}{\mathrm{d}t}\left(\frac{\partial T}{\partial\dot{x}_2}\right)-\frac{\partial T}{\partial x_2}=Q_2,\quad\_\_\_\_\_\_\_\_\_\_\_\_\_\_\_\_\_\_\_\_$$

代入已知数据，即可求得系统的运动微分方程

____

____

21.14　在图示系统中，已知均质圆柱 A 的质量为 M、半径为 r，板 B 的质量为 m，$\boldsymbol{F}$ 为常力，圆柱 A 可沿板面作纯滚动，板 B 沿光滑水平面运动。试用动力学普遍方程求：(1)系统的运动微分方程(以 x 和 φ 为广义坐标)；(2)圆柱 A 的角加速度和板 B 的加速度。

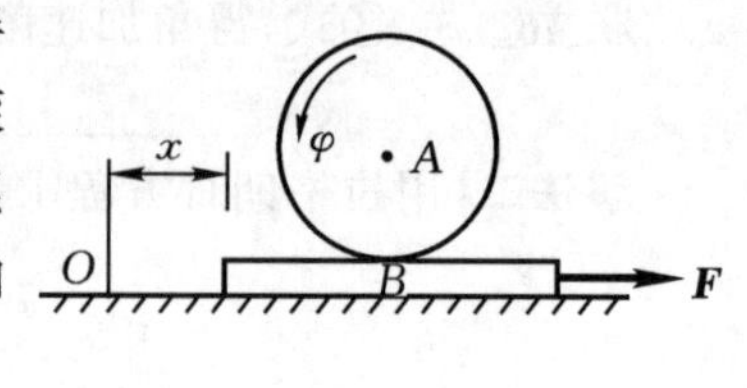

题 21.14 图

21.15　在图示系统中，已知物块 A 的质量为 M，可沿框架 CD 内的光滑水平面滑动，单摆长为 b，摆锤 B 的质量为 m，两根弹簧的刚度系数均为 k。框架 CD 沿光滑水平面按规律 $\xi = e \cdot \sin\omega t$ 运动。当 $\xi = 0, x = 0$ 时，两弹簧处于原长。试以 x 和 θ 为广义坐标，用拉格朗日方程建立系统的运动微分方程。

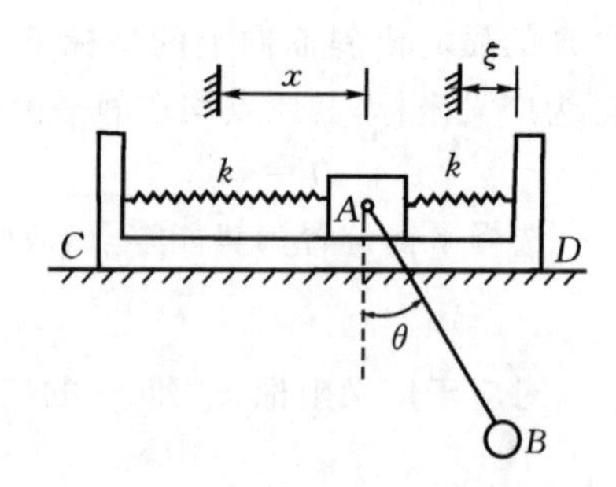

题 21.15 图

21.16　在图示系统中，已知均质薄壁圆筒 A 的质量为 m_1、半径为 r，均质圆柱 B 的质量为 m_2、半径也为 r。圆柱 B 沿水平面作纯滚动，滑轮的质量忽略不计。(1)试以 θ_1 和 θ_2 为广义坐标，用拉氏方程建立系统的运动微分方程；(2)求薄壁圆筒 A 和圆柱 B 的角加速度 α_1 和 α_2。

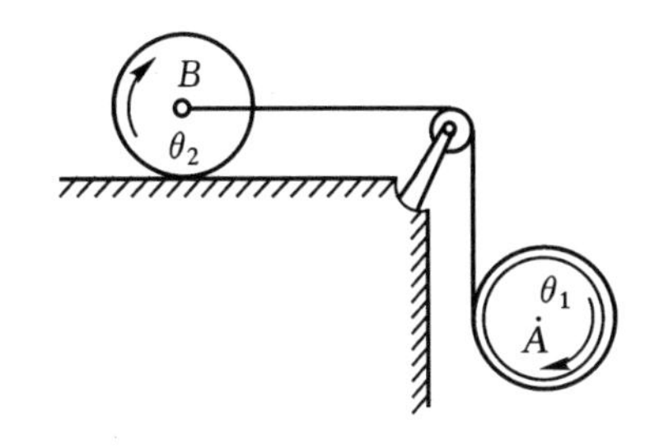

题 21.16 图

21.17　在图示系统中，已知均质圆盘 A 的质量为 m_1、半径为 r，盘缘上固结着一质量为 m 的质点 B，无重杆 OA 长为 b，O、A 处均为铰接。试以 φ 和 θ 为广义坐标，用拉氏方程建立系统的运动微分方程。

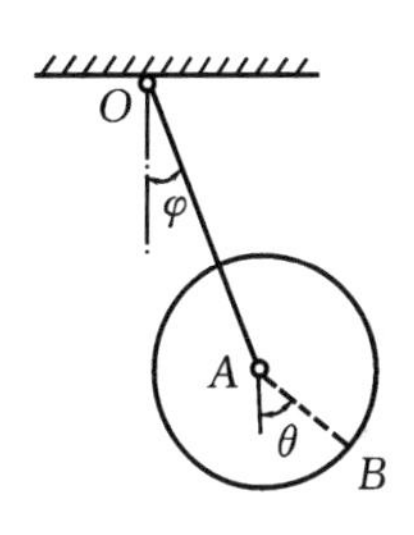

题 21.17 图

附录　参考答案

1　静力学公理·受力图

1.1 ✓　**1.2** ✓　**1.3** ✓　**1.4** ×　**1.5** D　**1.6** D

1.7 滑动　**1.8** 外,内　**1.9** 约束;相反;主动

2　平面力系

2.1 ×　**2.2** ✓　**2.3** ×　**2.4** ✓　**2.5** ×　**2.6** ×

2.7 A,C,C　**2.8** C　**2.9** B

2.10 力偶矩相等,转向相同;力偶系中各力偶矩的代数和为零

2.11 $\sum M_A=0,\sum M_B=0,\sum F_x=0$;$AB$ 连线不能垂直于 x 轴

$\sum M_A=0,\sum M_B=0,\sum M_C=0$;$A$、$B$、$C$ 三点不共线。

2.12 力多边形自行封闭;各力在任一轴上投影的代数和等于零。

2.13 $M_A(\boldsymbol{F})=Fr[(\cos\alpha+\cos\beta)\sin\gamma-(\sin\alpha+\sin\beta)\cos\gamma]$

2.14 $F_N=1.07\text{ kN}$　**2.15** $F_3=173.2\text{ N}$

2.16 $F'_{Rx}=\sum F_x=70\text{ N},F'_{Ry}=\sum F_y=150\text{ N}$

$M_O=\sum M_O(\boldsymbol{F})=580\text{ N}\cdot\text{m},F_R=166\text{ N},15x-7y=58$

2.17 $F_R=2.5\text{ kN}$,作用线方程为 $20x-15y-58=0$

***2.18** $F_R=1\text{ kN}$

2.19 (a) $F_A=-45\text{ kN},F_B=85\text{ kN}$

(b) $F_A=40\text{ kN},M_A=60\text{ kN}\cdot\text{m}$

2.20 $F_{Ax}=-F,F_{Ay}=-\dfrac{M}{l}-F\sqrt{3}/2,F_B=\dfrac{M}{l}+F\sqrt{3}/2$

2.21 $F_3=333\text{ kN},x=6.75\text{ m}$

3　物系平衡问题

3.1 ✓　**3.2** ×　**3.3** ✓　**3.4** ×　**3.5** ✓　**3.6** A　**3.7** D

3.8 略

3.9 图(a)为一次超静定，图(b)为三次超静定，图(c)为静定，图(d)为一次超静定，图(e)为一次超静定

3.10 图(a) 3、9、11；图(b) 1、2、5、7、9；图(c) 1、2、3、5、6、7、9、11

3.11 ① $\sum M_C=0,\quad 4F_{NE}-2q\times1-m=0$

② $\sum M_A=0,\quad 2F_B+8F_E-F\times1-4q\times4-m=0$

③ $\sum F_y=0,\quad F_A+F_B+F_E-4q-F=0$

$F_A=-250\text{ N},\ F_B=1\,500\text{ N},\ F_E=250\text{ N}$

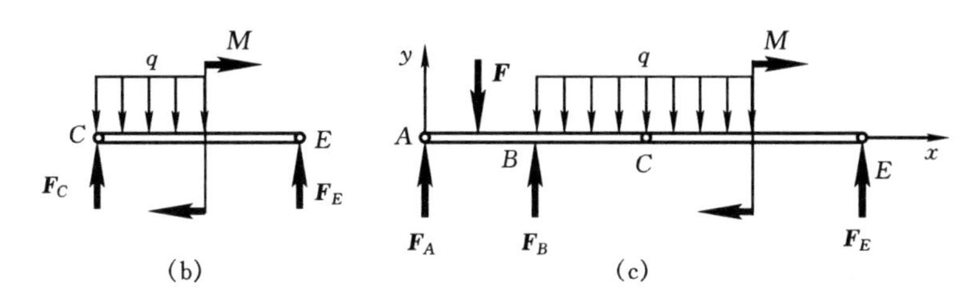

解 3.11 图

3.12 $F_{Ax}=8$ kN， $F_{Ay}=4$ kN， $M_A=-12$ kN·m

3.13 $F_{\min}=2F(1-r/R)$

3.14 $F_{Ax}=-230$ kN，$F_{Ay}=-100$ kN； $F_{Bx}=230$ kN， $F_{By}=200$ kN

3.15 $F_{Ax}=267$ N，$F_{Ay}=-87.5$ N； $F_B=550$ N；
$F_{Cx}=209$ N，$F_{Cy}=187.5$ N

3.16 $F_1=-5.333F$(压)，$F_2=2F$(拉)，$F_3=-1.667F$(压)

3.17 $F_4=21.83$ kN(拉)，$F_5=16.73$ kN(拉)，$F_7=-20$ kN(压)，$F_{10}=-43.66$ kN(压)

4 空间基本力系

4.1 √ **4.2** √ **4.3** × **4.4** √ **4.5** × **4.6** √ **4.7** D

4.8 力偶矩矢量多边形自行封闭

4.9 力偶矩大小相等,作用面平行,转向相反

4.10 (1) $F_z=400$ N， $F_{xy}=F\sin\alpha$， $F_x=489.9$ N， $F_y=-489.9$ N
(2) $F_{CA}=692.8$ N，$F_{CD}=400$ N

4.11 $F_{OA}=-1.414$ kN(压)， $F_{OB}=F_{OC}=0.707$ kN(拉)

4.12 $F_1=F_2=-5$ kN(压)， $F_3=-7.07$ kN(压)
$F_4=F_5=5$ kN(拉)， $F_6=-10$ kN(压)

5 空间任意力系

5.1 √ **5.2** √ **5.3** √ **5.4** √ **5.5** × **5.6** A **5.7** D **5.8** C

5.9 $F_z=\frac{\sqrt{14}}{7}F$， $M_z=\frac{3\sqrt{14}}{14}F$

5.10 $M_x=-1$ kN·m， $M_y=-2$ kN·m， $M_z=1$ kN·m

5.11 $Fa\sin\varphi$

5.12 $F'_R=\sqrt{3}F$，$M_O=aF\sqrt{3}/\sqrt{2}$,最后简化结果为力螺旋。

5.13 $F_{Ax}=-401.8$ N，$F_{Ay}=F_{Az}=401.8$ N；
$F_1=568.3$ N(拉)，$F_2=-696.0$ N(压)，$F_3=-568.3$ N(压)

5.14 $F_{Ax}=-5.2$ kN，$F_{Az}=6$ kN； $F_{Bx}=-7.79$ kN，$F_{Bz}=1.5$ kN；
$F_{T1}=10$ kN，$F_{T2}=5$ kN

5.15 (1) $x_C=0$，$y_C=40$ mm；(2) $x_C=511.2$ mm，$y_C=0$

***5.16** $x_C=147.4$ mm，$y_C=178.1$ mm，$z_C=49.1$ mm

5.17 $M_1 = bM_2/a + cM_3/a$，$F_{Ay} = M_3/a$，$F_{Dy} = -M_3/a$，$F_{Az} = M_2/a$，$F_{Dz} = -M_2/a$

6 摩　擦

6.1 ×　**6.2** ×　**6.3** ×　**6.4** √　**6.5** √　**6.6** (b)，(c)

6.7 $F_{N1} = F_P$，$F_{N21} = F_{N22} = F_P/(2\sin\alpha)$，$F_{1max} = f_s F_P$，$F_{2max} = f_s F_P/\sin\alpha$，$F_{1max} < F_{2max}$

6.8 $\tan\varphi_m = f_s$

6.9 滚动或滚动趋势，$M_{max} = \delta F_N$

6.10 (1) $F_T - F_{NB} = 0$　①

$F_{NB} L\sin 45° - F_B L\cos 45° - F_1 \cdot \dfrac{L}{2}\cos 45° = 0$　②

$F_{NB} = 200$ N，$F_B = 20$ N，

$F_{Bmax} = 20$ N

(2) $F_{NB} = 170$ N，$F_B = -10$ N，$F_{Bmax} = 17$ N

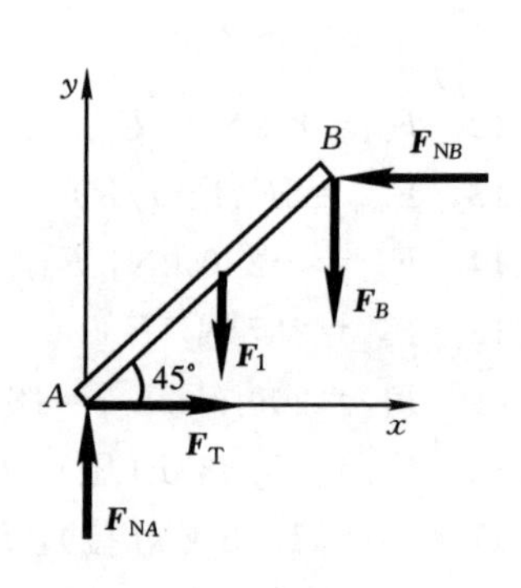

解 6.10 图

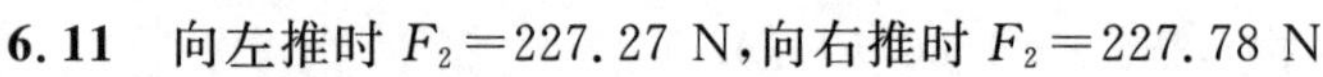

6.11 向左推时 $F_2 = 227.27$ N，向右推时 $F_2 = 227.78$ N

6.12 (1) $1.698\ \text{m} \leqslant l \leqslant 3.02$ m，

(2) $F_A = 3.92$ kN，$M_A = 6.533$ kN·m，$F_s = 0.98$ kN

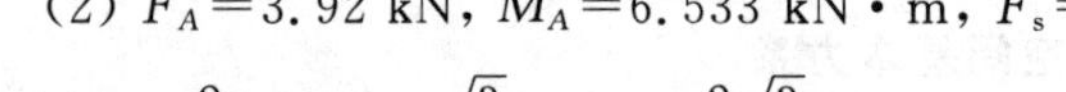

6.13 $F_{NA} = \dfrac{2}{3}F$，$F_{sA} = \dfrac{\sqrt{3}}{9}F$，$F_C = \dfrac{2\sqrt{3}}{9}F$

6.14 $\tan\alpha = \dfrac{f_s a}{\sqrt{L^2 - a^2}}$

***6.15** 起动阶段 $F = 538$ N，维持阶段 $F = 498$ N

7 点的运动学

7.1 √　**7.2** ×　**7.3** (1) ×，(2) √，(3) ×　**7.4** B，A

7.5 $v = 0$ 或曲线的拐点（即曲率半径为无穷大）

7.6 $\dot{x} = Lb(1 - \cos bt)$，$\dot{y} = Lb\sin bt$；$v = 2Lb\cos(bt/2)$；

$\ddot{x} = Lb^2\sin bt$，$\ddot{y} = Lb^2\cos bt$；$a = Lb^2$；

$a_t = Lb^2\sin(bt/2)$，$a_n = Lb^2\cos(bt/2)$；

$\rho = v^2/a_n = 4L\cos(bt/2)$

7.7 $x = 200\cos(\pi t/5)$ mm，$y = 100\sin(\pi t/5)$ mm；

轨迹：$\dfrac{x^2}{40\ 000} + \dfrac{y^2}{10\ 000} = 1$

7.8 (1) $x = 60\sin 2\pi t + 40\cos 2\pi t$，$y = 20\sin 2\pi t$

(2) $v_x = 200.4$ cm/s，$v_y = 108.7$ cm/s；$v = 228$ cm/s，$\varphi = \cos^{-1}(v_x/v) = 28.48°$

8 刚体的基本运动

8.1 √　**8.2** √　**8.3** √　**8.4** √　**8.5** ×　**8.6** B　**8.7** B

8.8 (a) $v_A = 2r\omega$，$a_A^t = 2r\alpha$，$a_A^n = 2r\omega^2$；$v_B = \sqrt{2}r\omega$，$a_B^t = \sqrt{2}r\alpha$，$a_B^n = \sqrt{2}r\omega^2$

(b) $v_A = r\omega$，$a_A^t = r\alpha$，$a_A^n = r\omega^2$；$v_B = L\omega$，$a_B^t = r\alpha$，$a_B^n = r\omega^2$

(c) $v_A=L\omega$,　$a_A^t=L\alpha$,　$a_A^n=L\omega^2$;　$v_B=\omega\sqrt{L^2+b^2}$,　$a_B^t=\alpha\sqrt{L^2+b^2}$,
$a_B^n=\omega^2\sqrt{L^2+b^2}$

8.9 无，有

8.10 $\tan\varphi=vt/b$; $\varphi=\tan^{-1}vt/b$; $\omega=bv/(b^2+v^2t^2)$,
$\alpha=-2bv^3t/(b^2+v^2t^2)^2$;
$t=b/v$; $\omega=v/(2b)$, $\alpha=-v^2/(4b^2)$; $v_C=tv/(2b)$,
$a_C^t=L\alpha=Lv^2/(4b^2)$, $a_C^n=L\omega^2=Lv^2/(4b^2)$

8.11 M 点轨迹与 A 点相同，$v_M=\pi n_1R/30$，$a_M=\pi^2n_1^2R/900$

8.12 $v_M=9.42$ m/s(→)，$a_M=444$ m/s^2(↑)

8.13 $z_3=8$

9　点的合成运动

9.1 √　**9.2** ×　**9.3** ×　**9.4** √　**9.5** C　**9.6** B　**9.7** B,A

9.8 动点,定系;动点,动系;动系,定系

9.9 动系,动点

9.10 圆周运动,直线运动,定轴转动

9.11 圆周运动,直线运动,定轴转动

速度	$\boldsymbol{v}_a$	$\boldsymbol{v}_e$	$\boldsymbol{v}_r$
大小	$\overline{O_1A}\cdot\omega_1$	未知	未知
方向	$\perp O_1B$	$\perp O_2A$	沿 O_1B

$v_a=\frac{2}{3}\sqrt{3}l\omega_1$; $\omega_2=\frac{2}{3}\omega_1$,逆时针

9.12 $v_r=100$ km/h　**9.13** $\omega_{AB}=e\omega/l$

9.14 $v_{CD}=\frac{\sqrt{3}}{2}R\omega$　***9.15** $v_a=4.16$ cm/s

9.16 直线运动,直线运动,曲线平动

速度	$\boldsymbol{v}_a$	$\boldsymbol{v}_e$	$\boldsymbol{v}_r$
大小	未知	$\overline{O_1A}\cdot\omega$	未知
方向	铅垂	$\perp O_1A$	沿 AB

$v_{CD}=10$ cm/s,铅垂向上

加速度	$\boldsymbol{a}_a$	$\boldsymbol{a}_e^t$	$\boldsymbol{a}_e^n$	$\boldsymbol{a}_r$
大小	未知	$\overline{O_1A}\cdot\alpha$	$\overline{O_1A}\cdot\omega^2$	未知
方向	铅垂	$\perp O_1A$	平行于 O_1A	沿 AB

DC 方向,有 $a_a=a_e^n\sin\varphi-a_e^t\cos\varphi$; $a_{CD}=15\sqrt{3}$ cm/s^2,铅垂向上

9.17 $\omega_{OA}=\frac{\sqrt{3}v}{3R}$（逆时针），$\alpha_{OA}=\frac{\sqrt{3}}{3R}(a-\frac{v^2}{R})$（逆时针）

9.18 $v=0$，$a=\frac{2\sqrt{3}}{3}R\omega^2$

9.19 $v_M=0.588\ \text{m/s}$;

$a_{Mx}=\frac{\pi^2}{162}+\frac{\sqrt{2}\pi}{36}=0.332\ \text{m/s}^2$，　$a_{My}=\frac{(\sqrt{2}-\pi)\pi}{36}=-0.0703\ \text{m/s}^2$

9.20 $\omega_{AB}=\sqrt{3}/3\ \text{rad/s}$，$\alpha_{AB}=0.65\ \text{rad/s}^2$

***9.21** $a_x=-(R+h)\omega^2\cos\varphi\sin\varphi$，　$a_y=-2\omega v_r\sin\varphi$

$a_z=-v_r^2/(R+h)-(R+h)\omega^2\cos^2\varphi$

***9.22** (1) $\omega=1.5\ \text{rad/s}$，$v_r=1\ \text{m/s}$;

(2) $\alpha=2.97\ \text{rad/s}^2$(逆时针)，$a_r=2.35\ \text{m/s}^2$

10　刚体的平面运动

10.1 ✓　**10.2** ✓　**10.3** ✓　**10.4** ×　**10.5** ✓

10.6 平面图形;平动,转动;平动,有;转动,无

10.7 $\omega=\sqrt{3}v_A/L$，$v_C=2v_A$　　**10.8** $\omega=2\ \text{rad/s}$，$\alpha=4\sqrt{3}\ \text{rad/s}^2$

10.9 B　**10.10** C　**10.11** B

10.12 $v_E=\overline{OE}\cdot\omega$; $\overline{EP_1}=163.2\ \text{cm}$，$\overline{CP_1}=200\ \text{cm}$，

$v_C=122.5\ \text{cm/s}$; $[\boldsymbol{v}_B]_{BC}=[\boldsymbol{v}_C]_{AB}$，$v_B=106.08\ \text{cm/s}$;

$\omega_{AB}=1.77\ \text{rad/s}$,顺时针

10.13 $v_B=12.9\ \text{m/s}$，$\omega_{轮}=40\ \text{rad/s}$，$\omega_{AB}=14.1\ \text{rad/s}$

10.14 $\omega_{AB}=2\ \text{rad/s}$，$\omega_C=2\ \text{rad/s}$　　**10.15** $\omega_{DE}=5\ \text{rad/s}$，顺时针

10.16 $\omega_1=\frac{1}{2}\omega$，$v_B=r\omega$，$v_A=\frac{\sqrt{2}}{2}r\omega$

10.17 瞬时平动,等于零,相同,$v_C=v_A=v_B=r\omega$,水平向右。

加速度	$\boldsymbol{a}_B^t$	$\boldsymbol{a}_B^n$	$\boldsymbol{a}_A$	$\boldsymbol{a}_{BA}^t$	$\boldsymbol{a}_{BA}^n$
大小	未知	$v_B^2/\overline{O_2B}$	$\overline{O_1A}\cdot\omega^2$	未知	0
方向	$\perp O_2B$	沿 BO_2	沿 AO_1	$\perp AB$	

$a_B^n=a_A^n-a_{BA}^t\cos 45°$; $a_{BA}^t=\frac{\sqrt{2}}{2}R\omega^2$，$\alpha=\frac{\sqrt{2}}{4}\omega^2$　(逆时针)

加速度	$\boldsymbol{a}_C$	$\boldsymbol{a}_A$	$\boldsymbol{a}_{CA}^t$	$\boldsymbol{a}_{CA}^n$
大小	未知	$\overline{O_1A}\cdot\omega^2$	$\alpha\cdot\overline{AC}$	0
方向	未知	沿 AO_1	$\perp AC$	

$a_C=0$

10.18 $v_B=14.7\ \text{cm/s}$; $\alpha_C=54\ \text{rad/s}^2$，顺时针

10.19 (1) $\omega_{AB}=0.8\ \text{rad/s}$，$\alpha_{AB}=1.2\ \text{rad/s}^2$;

(2) $\omega_{O_1B}=0$，$\alpha_{O_1B}=2.24\ \text{rad/s}^2$

10.20 $\omega_O=2\ \text{rad/s}$，$\alpha_O=3.75\ \text{rad/s}^2$

10.21 (1) $a_B=\frac{\sqrt{3}}{3}R\omega^2$;　(2) $\omega_{DE}=\frac{\omega}{4}$，$\alpha_{DE}=\frac{\sqrt{3}}{8}\omega^2$

***10.22** (1) $\omega_A=6.67\ \text{rad/s}$，$\alpha_A=0$;

(2) $\omega_B=2$ rad/s，$\alpha_B=13.7$ rad/s^2；

(3) $\omega_{AB}=1.04$ rad/s，$\alpha_{AB}=3$ rad/s^2

***10.23** (1) $\alpha_{BE}=\dfrac{5\sqrt{3}}{4}\omega^2$　逆时针；(2) $a_r=6r\omega^2$

***10.24** (1) $\omega_A=v/r$，　顺时针；$\alpha_A=3v^2/r^2$，顺时针；

(2) $\omega_{ED}=3v/r$，$\alpha_{ED}=8v^2/r^2$

11　刚体转动的合成

11.1 ×　**11.2** ×　**11.3** ×　**11.4** B　**11.5** C　**11.6** C,A

11.7 $\omega_a=\omega_e+\omega_r$；$\omega_a$ 的转向与 ω_e 相同

11.8 外；角速度　**11.9** $\sqrt{2}\omega$

11.10 ① $\omega_1=\omega_H+\omega_{r1}$；② $\omega_2=\omega_H+\omega_{r2}$；③ $\omega_3=\omega_H+\omega_{r3}$；$\omega_3=0$，$\dfrac{\omega_{r1}}{\omega_{r2}}=-\dfrac{r_2}{r_1}$，$\dfrac{\omega_{r2}}{\omega_{r3}}=-\dfrac{r_3}{r_2}$；

④ $\omega_{r3}=-\omega_H$；⑤ $\omega_{r2}=\dfrac{r_3}{r_2}\omega_H$；⑥ $\omega_{r1}=\dfrac{r_3}{r_1}\omega_H$；$\omega_H=\dfrac{r_1}{2(r_1+r_2)}\omega_1$，$\omega_2=\dfrac{r_1}{2r_2}\omega_1$

11.11 $\omega_1=\omega_O+\dfrac{r_2}{r_1}(\omega_2-\omega_0)$，$\omega_{r1}=\dfrac{r_2}{r_1}(\omega_2-\omega_O)$，皆为逆时针

11.12 $\omega_2=4.2$ rad/s（顺时针），　$\omega_{r2}=4.8$ rad/s（顺时针）

11.13 $\omega_A=0$，$v_M=l\omega_O$，$a_M=l\omega_O^2$

11.14 $v_M=\sqrt{10}R\omega_O$，$a_M=R\sqrt{10(\alpha_O^2+\omega_O^4)-12\omega_O^2\alpha_O}$

12　质点动力学

12.1 ×　**12.2** √　**12.3** ×　**12.4** ×　**12.5** D　**12.6** A

12.7 $-\dfrac{m}{b}\left(\dfrac{v_0}{1+\dfrac{v_0}{b}t}\right)^2$　**12.8** $\left(\dfrac{v^2}{gr}+1\right)^2F$　**12.9** 南　**12.10** 右

12.11 定轴转动，圆周运动；F_N，$2m\omega^2R\cos\dfrac{\theta}{2}$，$2m\omega R\dot{\theta}$；

① $-m\omega^2R\cos\theta$；

② $F_N-F_{IC}-F_{Ie}\cos\dfrac{\theta}{2}$；$\ddot{\theta}+\omega\sin\theta=0$；

$d\dot{\theta}^2=-2\omega^2\sin\theta d\theta$；$\theta=0$，$\dot{\theta}=v_{r0}/R$；

$\dot{\theta}^2=(v_{r0}/R)^2-2\omega^2(1-\cos\theta)$；

$F_N=mR[\dot{\theta}^2+2\omega\dot{\theta}^2+\omega^2(1+\cos\theta)]$

12.12 $F_T=11.6$ N，$v=0.921$ m/s

12.13 $a_{max}=\dfrac{\sin\theta+f_s\cos\theta}{\cos\theta-f_s\sin\theta}g$；$F_N=\dfrac{mg}{\cos\theta-f_s\sin\theta}$

12.14 $l\ddot{\varphi}+g\sin\varphi=a\omega^2\sin\omega t\cos\varphi$

12.15 $\xi=a\text{ch}\omega t$，$F_N=2m\omega^2a\text{sh}\omega t$

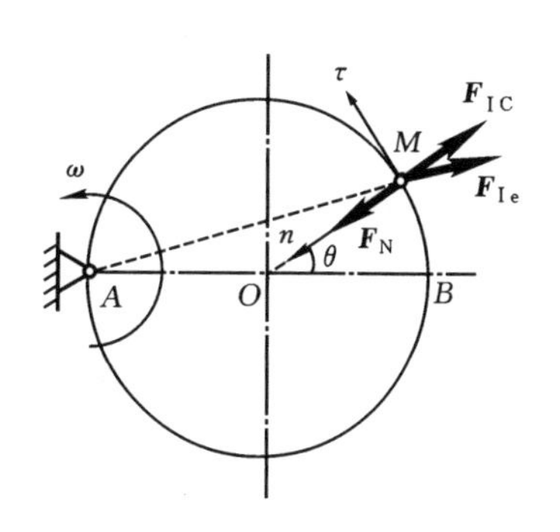

解 12.9 图

13　转动惯量

13.1　×　**13.2**　×　**13.3**　✓　**13.4**　✓　**13.5**　B　**13.6**　C　**13.7**　C

13.8　惯性主;主;中心;中心主　**13.9**　3　**13.10**　$J_{z2}=\frac{7}{48}ml^2$

13.11　$J_z=0.304\ \text{kg}\cdot\text{m}^2$

13.12　$J_z=\frac{1}{3}m_1l^2+\frac{1}{2}m_2(3r^2+4rl+2l^2)$

13.13　$J_{xy}=\frac{1}{6}ml^2\sin2\theta$

14　动量定理

14.1　✓　**14.2**　✓　**14.3**　✓　**14.4**　✓　**14.5**　✓　**14.6**　A　**14.7**　A

14.8　C　**14.9**　B　**14.10**　C　**14.11**　D

14.12　内,外　**14.13**　0

14.14　$-(\frac{1}{2}m_1+m_2+m_3)r\omega\boldsymbol{i}$

14.15　$\sum F_x\equiv0$;　① $x_C=\frac{m_1x_1+m_2x_2}{m_1+m_2}$;

$x_1+\Delta x$, $x_2+\Delta x+\frac{a+b}{2}$;

② $x_C=\frac{m_1(x_1+\Delta x)+m_2(x_2+\Delta x+\frac{a+b}{2})}{m_1+m_2}$;

$m_1x_1+m_2x_2=m_1(x_1+\Delta x)+m_2(x_2+\Delta x+\frac{a+b}{2})$; $\Delta x=-\frac{m_2(a+b)}{2(m_1+m_2)}$

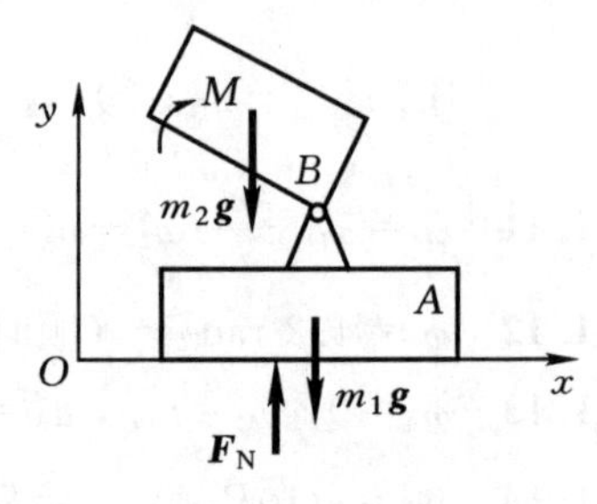

解 14.12 图

14.16　$F_{S平均}=12.6\ \text{kN}$; $F_{T平均}=9.33\ \text{kN}$

14.17　$F''_x=-7\ 810\ \text{N}$; $F''_y=3\ 250\ \text{N}$

14.18　$s_A=170\ \text{mm}$(向左); $s_B=90\ \text{mm}$(向右)

14.19　(1) $F_{x\max}=\frac{F_2}{g}e\omega^2$; (2) $\omega_{\min}=\sqrt{\frac{F_1+F_2}{eF_2}g}$

***14.20**　$F=qv/g$

15　动量矩定理

15.1　×　**15.2**　✓　**15.3**　✓　**15.4**　×　**15.5**　B　**15.6**　a,c

15.7　(1) 0, mvr;　(2) $\frac{1}{2}mvr$, $\frac{3}{2}mvr$

15.8　O点为固定点或质点系的质心

15.9　(1) $L_O=(\frac{1}{2}R^2+l^2)mv$; (2) $L_O=m(R^2+l^2)\omega$; (3) $L_O=ml^2\omega$

15.10　$a=\frac{2(m_1-m_2)}{M+2(m_1+m_2)}g$

15.11 $\omega=\dfrac{2m_2art}{m_1R^2+2m_2r^2}$，$\alpha=\dfrac{2m_2ar}{m_1R^2+2m_2r^2}$

***15.12** $\alpha_1=\dfrac{M}{J_1+J_2\,r_1^2/r_2^2+mr_1^2}$

16　刚体平面运动微分方程

16.1 ×　**16.2** ×　**16.3** ×　**16.4** A　**16.5** B

16.6 $\dfrac{1}{2}m(2R_1^2+3R_2^2+5R_1R_2)\omega$

16.7 $f_s\geqslant\dfrac{1}{3}\tan\theta$ 时，$a_C=\dfrac{2}{3}g\sin\theta$；$f_s<\dfrac{1}{3}\tan\theta$ 时，$a_C=g(\sin\theta-f_s\cos\theta)$

16.8 $F_T=\dfrac{mg\sin\theta}{1+3\sin^2\theta}$　**16.9** $v_C=\dfrac{2v_0+r\omega_0}{3}$

16.10 $a_C=\dfrac{2}{3}(\sin\theta-2f\cos\theta)g$

***16.11** $(3m_1+2m_2)\ddot{x}_A-m_2l\dot{\varphi}^2\sin\varphi+m_2l\ddot{\varphi}\cos\varphi=0$，$2l\ddot{\varphi}+3\ddot{x}_A\cos\varphi+3g\sin\varphi=0$

17　动能定理

17.1 √　**17.2** ×　**17.3** ×　**17.4** ×

17.5 $T=\dfrac{2}{9}mr^2\omega^2$　**17.6** $T=\dfrac{3}{4}m(R_1+R_2)^2\omega^2$

17.7 (a) $T=\dfrac{3}{4}mr^2\omega^2$；(b) $T=\dfrac{1}{2}mv_O^2$；(c) $T=\dfrac{3}{4}mv_O^2$

17.8 B,E　**17.9** D　**17.10** D

17.11 $a_A=\dfrac{3m_1}{4m_1+9m_2}g$

17.12 $3m(R-r)^2\ddot{\varphi}+2[mg(R-r)+k]\varphi=0$，$T=2\pi(R-r)\sqrt{\dfrac{3}{2[g(R-r)+k/m]}}$

18　动力学普遍定理的综合应用

18.1 √　**18.2** ×

18.3 ① $m(v_r\cos\alpha-v)-Mv=C$；$\delta A=mg\sin\alpha\cdot ds$；

$$T=\frac{1}{2}Mv^2+\frac{1}{2}m[(v_r\sin\varphi)^2+(v_r\cos\varphi-v)^2]；$$

② $Mv\mathrm{d}x+m[v_r\sin\varphi\mathrm{d}v_r+(v_r\cos\varphi-v)\cdot(\cos\varphi\mathrm{d}v_r-\mathrm{d}v)]=mg\sin\varphi\cdot\mathrm{d}s$

$$a=\dot{v}=\frac{m\sin2\varphi}{3M+m+2m\sin^2\varphi}g$$

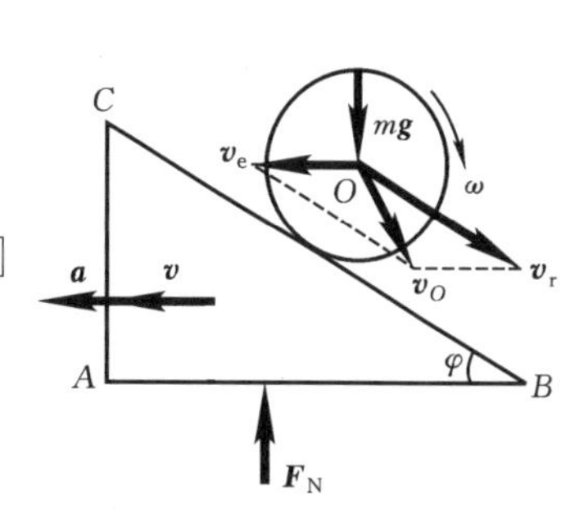

解18.3图

18.4 $a=\dfrac{m\sin\varphi-M}{2m+M}g$，$F_T=\dfrac{3Mm+(2Mm+m^2)\sin\varphi}{2(2m+M)}g$

18.5 $\ddot{\varphi}_1=\dfrac{2m_2}{3m_1+2m_2}\cdot\dfrac{g}{R_1}$，$\ddot{\varphi}_2=\dfrac{2m_1}{3m_1+2m_2}\cdot\dfrac{g}{R_2}$，

$a_C=\dfrac{2(m_1+m_2)}{3m_1+2m_2}g$，$F_T=\dfrac{m_1m_2}{3m_1+2m_2}g$

18.6　$\theta=48°12'$

18.7　$F_N=\dfrac{7}{3}mg\cos\theta$，$F=\dfrac{1}{3}mg\sin\theta$

18.8　$\omega=\sqrt{\dfrac{F_1+2F_2}{F_1+3F_2}\cdot\dfrac{3g}{l}\sin\theta}$，　$\alpha=\dfrac{F_1+2F_2}{F_1+3F_2}\cdot\dfrac{3g}{2l}\cos\theta$

$F_x=-\left[\dfrac{3(F_1+2F_2)^2}{2(F_1+3F_2)}+(F_1+F_2)\right]\sin\theta$，　$F_y=-\left[\dfrac{3(F_1+2F_2)^2}{4(F_1+3F_2)}-(F_1+F_2)\right]\cos\theta$

***18.9**　$\omega=2\sqrt{\dfrac{3g}{23r}}$，　$F_N=\dfrac{28}{23}mg$

19　动静法

19.1　×　　**19.2**　√　　**19.3**　√　　**19.4**　×　　**19.5**　×

19.6　C　　**19.7**　D　　**19.8**　D　　**19.9**　$a=g\cos\theta$

19.10　$F_{IC}=2m\omega v_r$；$F_{Ie}^n=2mR\omega^2\cos(\theta/2)$，

$F_{Ie}^\tau=2mR\alpha\cos(\theta/2)$

19.11　$F'_{IR}=ma$，$M_{IO}=mRa/2$

19.12　$F_{IR1}=\dfrac{2F}{g}a\omega^2\sin\varphi$；　$F_{IR2}=\dfrac{F}{g}\times\dfrac{1}{2}a\omega^2\sin\varphi$；

$2Fa\sin\varphi-F_{IR1}\times\dfrac{2}{3}\times 2a\cos\varphi-F_{IR2}\times\dfrac{a}{3}\cos\varphi-$

$F\times\dfrac{a}{2}\sin\varphi=0$；　$\cos\varphi=\dfrac{9g}{17a\omega^2}$

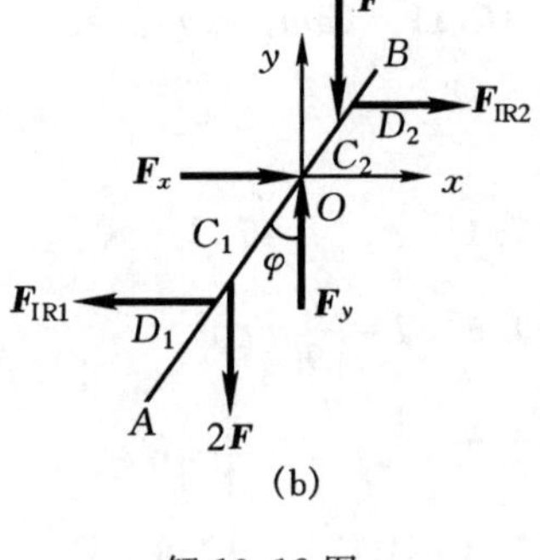

(b)

解 19.12 图

19.13　$F_{IR1}=m_1a_1$；　$F_{IR}^{e'}=m_2a_1$，$F_{IR}^{r'}=m_2a_r$，

$M_{ID}=\dfrac{1}{2}m_2r^2\alpha$；

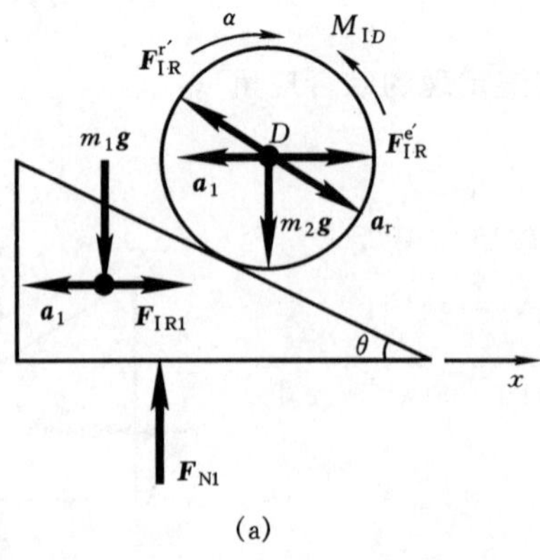

(a)

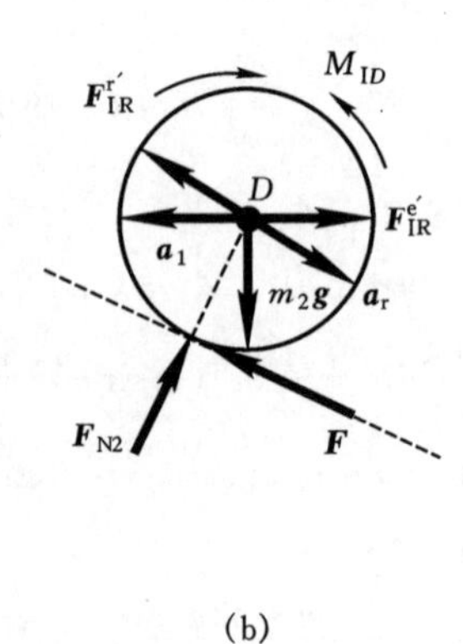

(b)

解 19.13 图

①$F_{IR1}+F_{IR}^{e'}-F_{IR}^{r'}\cos\theta=0$；

②$M_{ID}+F_{IR}^{r'}\cdot r-m_2gr\sin\theta-F_{IR}^{e'}\cdot r\cos\theta=0$；

③$a_r = r\alpha$；$a_1 = \dfrac{m_2\sin 2\theta}{3(m_1+m_2)-2m_2\cos^2\theta}g$

19.14　$F_A = m\sqrt{r^2+(\frac{l}{2})^2}\alpha$，$M_A = -\frac{1}{3}ml^2\alpha$

19.15　$\alpha = \frac{3g}{2l}\cos\theta$，$F_T = \frac{1}{2}mg\sin 2\theta$，$F_N = (1-\frac{3}{4}\cos^2\theta)mg$

19.16　$a_C = 2.8\ \text{m/s}^2$；$F_T = 42\ \text{N}$；$F = 14\ \text{N}$

20　虚位移原理

20.1　√　　**20.2**　×　　**20.3**　×　　**20.4**　√　　**20.5**　√

20.6　A,C,D；B,E；A,B,C,D；E；A,B,C,E；D；C

20.7　B；D　　**20.8**　D　　**20.9**　(1) 2；(2) 2；(3) 3；(4) 4

20.10　$\delta r_C = (1+\sqrt{3})\delta r_A$　　**20.11**　10 kN

20.12　（解一）$l\cos\varphi$，$l\sin\varphi$，$2l\cos\varphi$，$\frac{l}{3}\cos\varphi$，$\frac{5l}{3}\cos\varphi$；

①$-l\sin\varphi\delta\varphi$，$l\cos\varphi\delta\varphi$，$-2l\sin\varphi\delta\varphi$，$-\frac{l}{3}\sin\varphi\delta\varphi$，$-\frac{5l}{3}\sin\varphi\delta\varphi$；

② $F\delta x_C + (-F')\delta x_D + F_2\delta x_B + F_1\cos\alpha\delta x_A + F_1\sin\alpha\cdot\delta y_A = 0$；$k(\frac{4}{3}l\cos\varphi - l_0)$；

③ $\frac{2}{3}F - F_2\ \frac{\sin(\varphi-\alpha)}{2\sin\alpha} = 191.34\ \text{N}$；

（解二）④$-F\sin\varphi\delta r_C + F'\cos\theta\delta r_D - F_2\delta r_B - F_1\sin(\varphi-\alpha)\delta r_A = 0$；

⑤ $\frac{1}{3}$，$\frac{5\sin\varphi}{3\cos\theta}$，$2\sin\varphi$；

（解三）$\dfrac{-F\sin\varphi\delta r_C + F'\cos\theta\delta r_D - F_2\delta r_B - F_1\sin(\varphi-\alpha)\delta r_A}{\delta\varphi}$；

$(\frac{4}{3}F - 2F_2)\sin\varphi - F_1\sin(\varphi-\alpha) = 0$

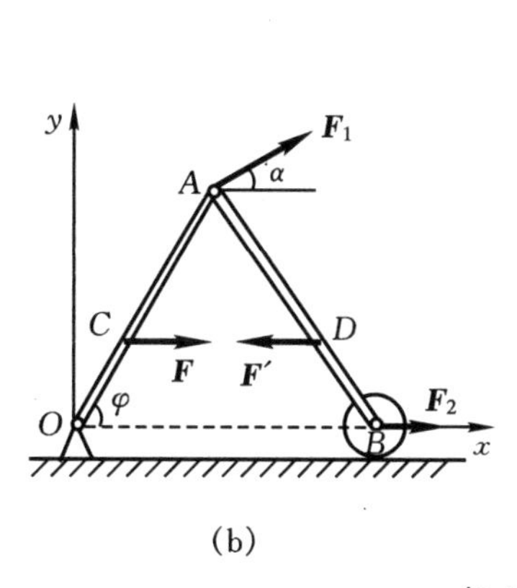

(b)

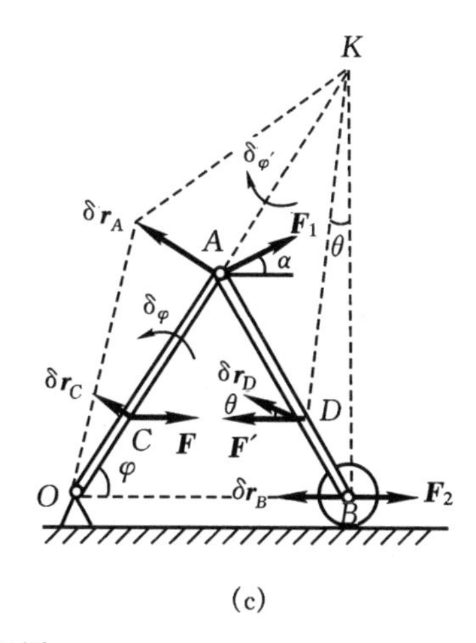

(c)

解 20.12 图

20.13 （解一）$a\cos\varphi_1$，$a\sin\varphi_1+b\sin\varphi_2$，$a\cos\varphi_1+b\cos\varphi_2$；

①$-a\sin\varphi_1\delta\varphi_1$，$a\cos\varphi_1\delta\varphi_1+b\cos\varphi_2\delta\varphi_2$，$-a\sin\varphi_1\delta\varphi_1-b\sin\varphi_2\delta\varphi_2$；

② $F_A\delta y_A+F\delta x_B+F_B\delta y_B=0$；

③$-(F_A+F_B)a\sin\varphi_1+Fa\cos\varphi_1$；$-F_Bb\sin\varphi_2+Fb\cos\varphi_2$；

④$-(F_A+F_B)a\sin\varphi_1+Fa\cos\varphi_1=0$；

⑤$-F_Bb\sin\varphi_2+Fb\cos\varphi_2=0$；⑥ $\dfrac{F}{F_A+F_B}$，$\dfrac{F}{F_B}$；

（解二）⑧$-F_A\delta r_A\sin\varphi_1-F_B\delta r_B\sin\varphi_1+F\delta r_B\cos\varphi_1=0$；$a$，$a$；

⑨ $[-(F_A+F_B)a\sin\varphi_1+Fa\cos\varphi_1]$；

⑩$-F_B\delta r_B\sin\varphi_2+F\delta r_B\cos\varphi_2=0$；$b$；

⑪$-F_Bb\sin\varphi_2+Fb\cos\varphi_2$；

（解三）⑭$-(F_A+F_B)a\sin\varphi_1+Fa\cos\varphi_1$；⑮$-F_Bb\sin\varphi_2+Fb\cos\varphi_2$

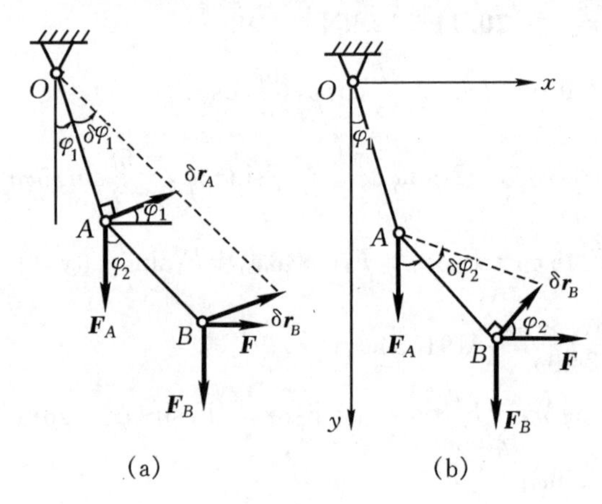

解 20.13 图

20.14 $\varphi=\arccos\left(\dfrac{F_1}{2lk}+\dfrac{\sqrt{2}}{2}\right)$　　　　*__20.15__ $M=\dfrac{5RF_2}{12\cos\theta}$

*__20.16__ $F=1\ 732\ \text{N}$

20.17 （1）$F_{By}=500\ \text{kN}$；（2）$F_{BC}=424.2\ \text{kN}$

20.18 （1）$F_{Ay}=8\ \text{kN}$；（2）$M_E=20\ \text{kN}\cdot\text{m}$，$F_{Ex}=8\ \text{kN}$

20.19 $M=2RF$，$F_s=F$

21　动力学普遍方程和拉格朗日方程

21.1 √　**21.2** √　**21.3** ×　**21.4** ×　**21.5** √　**21.6** B　**21.7** C

21.8 A　**21.9** 3；x,φ_1,φ_2　**21.10** $-ky,-mgb\sin\theta$　**21.11** 循环坐标

21.12 （解一）$J_A\ddot{\varphi}_A=\dfrac{1}{2}m_1R_1^2\ddot{\varphi}_A,J_B\ddot{\varphi}_B=\dfrac{1}{2}m_2R_2^2\ddot{\varphi}_B,m_2a_B$；

$-M_{IA}\delta\varphi_A+m_2g\delta x_B-F'_{IRB}\delta x_B=0$；

② $(m_1+2m_2)R_1\ddot{\varphi}_A+2m_2R_2\ddot{\varphi}_B=2m_2g$；$(m_2g-F'_{IRB})\delta x_B-M_{IB}\delta\varphi_B=0$；

③ $2m_2R_1\ddot{\varphi}_A+3m_2R_2\ddot{\varphi}_B=2m_2g$；$\dfrac{2m_2g}{R_1(2m_2+3m_1)}$，$\dfrac{2m_1g}{R_2(2m_2+3m_1)}$

（解二）$\frac{1}{4}(m_1+2m_2)R_1^2\dot{\varphi}_A^2+\frac{3}{4}m_2R_2^2\dot{\varphi}_B^2+m_2R_1R_2\dot{\varphi}_A\dot{\varphi}_B$；$-m_2g(R_1\varphi_A+R_2\varphi_B)$；

$\frac{1}{4}(m_1+2m_2)R_1^2\dot{\varphi}_A^2+\frac{3}{4}m_2R_2^2\dot{\varphi}_B^2+m_2R_1R_2\dot{\varphi}_A\dot{\varphi}_B+m_2g(R_1\varphi_A+R_2\varphi_B)$；

④ $(m_1+2m_2)R_1\ddot{\varphi}_A+2m_2R_2\ddot{\varphi}_B=2m_2g$；

⑤ $2m_2R_1\ddot{\varphi}_A+3m_2R_2\ddot{\varphi}_B=2m_2g$

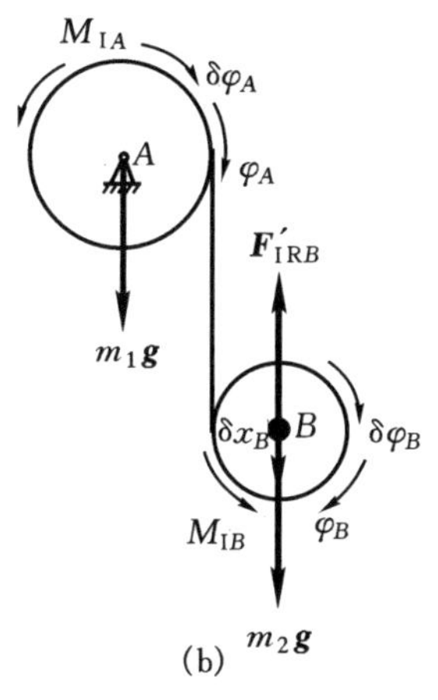

解 21.12 图

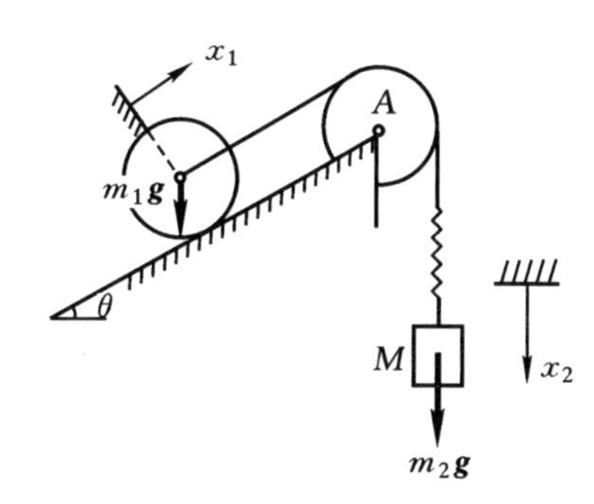

解 21.13 图

21.13 $\frac{3}{4}m_1\dot{x}_1^2+\frac{1}{2}m_2\dot{x}_2^2$；$\frac{k}{2}(x_2-x_1)^2$；$k(x_2-x_1)$；$-k(x_2-x_1)$；

$\frac{3}{2}m_1\ddot{x}_1-k(x_2-x_1)=0$；$m\ddot{x}_2+k(x_2-x_1)=0$；$3\ddot{x}'+200x_1-200x_2=0$；

$\ddot{x}_2-200x_1+200x_2=0$

21.14 (1) $(M+m)\ddot{x}-Mr\ddot{\varphi}=F$，$-Mr\ddot{x}+\frac{3}{2}Mr^2\ddot{\varphi}=0$；

(2) $a=\ddot{x}=\frac{3F}{3m+M}$，　$\alpha=\ddot{\varphi}=\frac{2F}{(3m+M)r}$

21.15 $M\ddot{x}+m\ddot{x}+mb\ddot{\theta}\cos\theta-mb\dot{\theta}^2\sin\theta+2k(x-e\sin\omega t)=0$，

$m\ddot{x}b\cos\theta+mb^2\ddot{\theta}+mgb\sin\theta=0$

21.16 (1) $2m_1r^2\ddot{\theta}_2+m_1r^2\ddot{\theta}_2-m_1gr=0$，　$m_1r^2\ddot{\theta}_1+(m_1+\frac{3m_2}{2})r^2\ddot{\theta}_2-m_1gr=0$；

(2) $\alpha_1=\ddot{\theta}_1=\frac{3m_2g}{2(m_1+3m_2)r}$，　$\alpha_2=\ddot{\theta}_2=\frac{m_1g}{(m_1+3m_2)r}$

21.17 $(m_1+m)b^2\ddot{\varphi}+mbr\ddot{\theta}\cos(\theta-\varphi)-mbr\dot{\theta}^2\sin(\theta-\varphi)+(m_1+m)bg\sin\varphi=0$，

$(\frac{1}{2}m_1+m)r^2\ddot{\theta}+mbr\ddot{\varphi}\cos(\theta-\varphi)+mbr\dot{\varphi}^2\sin(\theta-\varphi)+mgr\sin\theta=0$